ISBN 978-3-662-23501-0   ISBN 978-3-662-25572-8 (eBook)
DOI 10.1007/978-3-662-25572-8

Die in den Sitzungsberichten Abtlg. 1 und Abtlg. II der math.-nat. Klasse der Osterr. Ak. d. Wiss. erscheinenden Abhandlungen werden auch einzeln abgegeben. Sie können durch jede Buchhandlung oder direkt durch die Auslieferungsstelle der Österreichischen Akademie der Wissenschaften (Wien I, Singerstraße 12) bezogen werden.

Nachfolgende Abhandlungen aus den Fächern **Geologie, Mineralogie** und **Geographie** sind erschienen:

1959 (S I Bd. 168):

Flügel Helmut und Maurin Viktor: Ein Vorkommen vulkanischer Tuffe bei Eibiswald (Südweststeiermark). S 4.50

Hanselmayer Josef: Beiträge zur Sedimentpetrographie der Grazer Umgebung XI. Petrographie der Gerölle aus den pannonischen Schottern von Laßnitzhöhe, speziell Grube Griessl (mit 6 Figuren auf 3 Tafeln). S 40.10

Leischner Winfried: Zur Mikrofazies kalkalpiner Gesteine (mit 17 Textabbildungen, davon 1 auf einer Beilage und 6 Tafeln). S 52.40

Mitzopoulos M.: Erster Nachweis von Gosauschichten in Griechenland (mit 3 Textabbildungen und 2 Tafeln). S 16.30

Sander Bruno: Beiträge zur morphologischen Kennzeichnung der Erde. S 89.

Thurner Andreas: Die Geologie des Gebietes zwischen Neumarkter und Perchauer Sattel (mit 5 Textabbildungen). S 15.50

1960 (S I Bd. 169):

Hanselmayer J.: Beiträge zur Sedimentpetrographie der Grazer Umgebung XIII. Ein „Andesit-Gerölle" aus der Sandgrube in Dornegg bei Nestelbach-Schemerl (mit 2 Abbildungen auf 1 Tafel). S 11.—

Hanselmayer J.: Beiträge zur Sedimentpetrographie der Grazer Umgebung XIV. Petrographie der Gerölle aus den pannonischen Schottern von Laßnitzhöhe, speziell Grube Griessl (mit 4 Textabbildungen und 2 Tafeln). S 20.—

1961 (S I Bd. 170):

Hanselmayer Josef, Beiträge zur Sedimentpetrographie der Grazer Umgebung XV. Petrographie der pannonischen Schotter von Hönigthal (mit 1 Textabbildung und 1 Tafel). S 170—11, S 26.90

Hanselmayer Josef, Beiträge zur Sedimentpetrographie der Grazer Umgebung XVI. Ein massiges, grünlichgraues Porphyroidgerölle aus den pannonischen Schottern von der Platte-Graz (mit 1 Tafel). S 170—30, S 9.—

Vaché Raimund, Prädiluviale Hochgebirgsbrekzien im mittleren Wettersteingebirge (mit 3 Textabbildungen und 1 Beilage). S 170—31, S 15.—

1962 (S I Bd. 171):

Hanselmayer Josef, Beiträge zur Sedimentpetrographie der Grazer Umgebung XVII. Fund eines Lazulith-Quarzfels-Gerölles im Würmglazialschotter von Graz (Don Bosko) (mit 4 Abbildungen auf 1 Tafel) 171—1, S 9.—

Hanselmayer Josef, Beiträge zur Sedimentpetrographie der Grazer Umgebung XVIII. Erster Einblick in die petrographische Zusammensetzung steirischer Würmglazialschotter (speziell Schottergrube Don Bosko, Graz) (mit 4 Abbildungen auf 2 Tafeln) 171—3, S 47.—

Kaumanns M., Zur Stratigraphie und Tektonik der Gosauschichten. II. Die Gosauschichten des Kainachbeckens (mit 8 Abbildungen und 3 Tafeln) 171—17, S 50.—

Kristan-Tollmann Edith und Tollmann Alexander, Die Mürzalpendecke — eine neue hochalpine Großeinheit der östlichen Kalkalpen (mit 1 Abbildung) 171—2, S 37.—

Schoklitsch Karl, Untersuchungen an Schwermineralspektren und Kornverteilungen von quartären und jungtertiären Sedimenten des Oberpullendorfer Beckens (Landseer Bucht) im mittleren Burgenland 171—4, S 124.—

Tollmann Alexander, Die Frankenfelser Deckschollenklippen der Grestener Klippenzone als Typus tektonischer Deckschollenklippen 171—6, S 12.—

Winkler-Hermaden Arthur, Die jüngsttertiäre (sarmatisch-pannonisch-höherpliozäne) Auffüllung des Pullendorfer Beckens (= Landseer Bucht E. Sueß') im mittleren Burgenland und der pliozäne Basaltvulkanismus am Pauliberg und bei Oberpullendorf — Stoob (mit 5 Textabbildungen, 5 Tafeln mit je zwei Lichtbildern in Schwarzdruck und 3 Tafeln in Farbdruck) 171—5, S 84.—

Holothurien-Sklerite aus der Trias der Ostalpen

Von Edith Kristan-Tollmann

Mit 2 Textabbildungen und 10 Tafeln

(Vorgelegt in der Sitzung am 10. Oktober 1963)

Inhalt

Zusammenfassung	351
Einleitung	352
Bemerkungen zur Taxionomie und Nomenklatur	353
A. Sklerite aus Cassianer Mergeln, O.-Ladin	
Allgemeines	355
Fundortbeschreibung	357
Systematische Beschreibung	359
B. Sklerite aus Zlambachmergeln, Rhät	
Allgemeines	372
Fundortbeschreibung	372
Systematische Beschreibung	373
Literatur	278

Zusammenfassung

Aus ladinischen (Cassianer Schichten) und rhätischen (Zlambachmergel der Fischerwiese, Salzkammergut) Mergeln der Trias der Südlichen und Nördlichen Kalkalpen wurden 19 Arten von Holothurien-Skleriten beschrieben. Sämtliche Formen des Ladin unterscheiden sich von jenen des Rhät, die ihrerseits von den zahlreichen bekannten Skleriten des Jura abweichen — ein Hinweis auf die stratigraphische Brauchbarkeit. Von den 12 ladinischen Arten waren bisher — als einzige triadische Holothurien-Reste — fünf durch C. W. Gümbel bzw. Frizzell & Exline bekannt, sieben Arten waren neu. Bei ihrer Neubearbeitung wurde die Gattung *Calcligula* Fr. & Exl. emendiert und in die Familie Achistridae gestellt, zu den

Untergattungen *Spinrum* HAMPTON, 1958, *Cancellrum* HAMPTON, 1958 und *Aduncrum* HAMPTON, 1958 wurde kritisch Stellung genommen. Ferner wurden die Arten *Calcligula triassica* (FR. & EXL.) und *Acanthotheelia spincsa* FR. & EXL. emendiert sowie für erstere ein Neotypus festgelegt. Die rhätischen Sklerite verteilen sich auf sieben Arten, welche sämtliche unbekannt waren, ferner wurden aus diesem Material zwei neue Gattungen, von denen eine einer neuen Familie angehört, aufgestellt.

Einleitung

Holothurien-Reste aus der Trias sind bisher nur von einem einzigen Fundort bekannt geworden, und zwar aus oberladinischen Cassianer Schichten von St. Cassian in den Südtiroler Dolomiten. C. W. GÜMBEL 1869 stellt von hier in neun Figuren wohlerhaltene Rädchen, Stäbchen und Haken dar und gibt eine genaue Beschreibung der von ihm klar zu den Holothurien bzw. Echinodermen gestellten, aber nicht artlich benannten Kalkkörperchen. In ihrer Monographie 1955 haben FRIZZELL & EXLINE diese Körperchen in ihr System eingereiht und benannt und zu fünf Arten zusammengestellt. Somit sind uns bisher fünf Holothurien-Arten aus der Trias bekannt.

Aus Österreich waren bis vor kurzem so gut wie überhaupt keine Holothurien bekannt, weder aus der Trias noch aus anderen Formationen. Erst 1953 haben PAPP & KÜPPER aus dem Torton des Wiener Beckens acht Kalkkörperchen von Holothurien abgebildet, welche M. DEFLANDRE-RIGAUD zu fünf Arten, davon vier neu, zuordnen konnte. 1959, S. 876, Abb. 14 zeigte W. LEISCHNER „Skelett-Kalkkörper von Holothurien" aus oberjurassischen Riffkalken des Salzkammergutes, doch handelt es sich hier nicht um Holothurien-Rädchen, sondern durchwegs um Querschnitte von Seeigelstacheln. Ebenfalls Querschnitte von Seeigelstacheln stellen die von W. LEISCHNER 1961, Taf. 11, Fig. 6—8 wiedergegebenen vermeintlichen „Holothurien-Skelettkörperchen" aus dem U.-Lias der Salzburger Kalkalpen dar. Aus Dünnschliffen von Dachsteinkalk und nor-rhätischem dolomitischem Kalk aus dem kalkvoralpinen Untergrund des südlichen Wiener Beckens konnten 1962 die ersten triadischen Holothurien-Reste aus Österreich abgebildet werden (E. KRISTAN-TOLLMANN, Taf. 2, Fig. 41—44). Infolge der nur zweidimensionalen Gebundenheit im Dünnschliff war nur eine gattungsmäßige Zuordnung der Kalkkörperchen möglich.

Eine große Zahl isolierter Holothurien-Sklerite konnte jedoch bei den seit einigen Jahren laufenden eigenen systematischen Aufsammlungen[1] von Trias-Schlämmproben gewonnen werden. Es hat sich gezeigt, daß Holothurien in manchen Horizonten gar nicht so selten vorkommen, wie bisher angenommen, sondern einen nicht unwesentlichen Platz in der Zusammensetzung triadischer Mikrofaunen einnehmen können. Als Beispiel seien die Cassianer Mergel des Oberladin angeführt, in deren Mikrofauna die massenhaft auftretenden Stäbchen des „*Rhabdotites*" *rectus* FR. & EXL. absolut vorherrschen. Doch auch bei weniger gehäuftem Vorkommen hat sich eine Horizontbeständigkeit gezeigt, welche berechtigte Hoffnung zuläßt, daß man zumindest für einzelne Horizonte auch mit Holothurien-Skleriten als stratigraphisch wertvollen Indikatoren wenn nicht Leitfossilien wird rechnen können.

Bemerkungen zur Taxonomie und Nomenklatur

Die Tatsache, daß Holothurien-Reste bisher aus der Trias nur so spärlich bekannt geworden sind, läßt sich vornehmlich auf zwei Fakten zurückführen. Nach langer Unterbrechung der vereinzelt begonnenen Untersuchungen von Trias-Mikrofaunen hat man sich diesen erst in jüngster Zeit wieder zugewendet. Zum zweiten jedoch liegt der Grund darin, daß die Holothurien in ihrer Mehrzahl nur mit einer lederartigen Haut ausgestattet sind, welche in den seltensten Fällen und nur bei einem Zusammenfallen einiger besonders günstiger Umstände erhaltungsfähig bleibt. Diese lederartige Haut beherbergt frei kleine Kalkkörperchen (Sklerite) verschiedenster Art, welche infolge ihrer Kleinheit und Zartheit ebenfalls schwer erhaltungsfähig sind, andererseits leicht übersehen worden waren.

Da bisher nur ganz wenige (die Zahl liegt unter 5) ganze, einwandfrei determinierte, fossile Holothurien-Exemplare bekannt sind, ist man zwecks Einordnung in ein System ausschließlich auf ihre eingelagerten, fossil erhaltungsfähigen Kalkkörperchen angewiesen. Hier liegt die Schwierigkeit. Diese Sklerite besitzen einen mannigfaltigen Formenreichtum, der von einfachen Stäbchen über durchlochte Platten, runde verzierte Scheiben und Sternchen bis zu Haken und Ankern reicht. Manche davon sind für bestimmte Gattungen und Arten charakteristisch. Leider kommt die Mehrzahl der Sklerite aber in gleicher Form bei den verschiedensten Arten und Gattungen, nach POKORNY 1958, S. 344 sogar bei Familien und Ordnungen, vor. Eine Einreihung der Sklerite in ein natürliches

---

[1] Diese wurden zu einem großen Teil durch eine Subvention aus Stiftungszuschüssen seitens der Österreichischen Akademie der Wissenschaften in Wien ermöglicht, wofür ich auch an dieser Stelle bestens danken möchte. Besonderen Dank schulde ich auch Herrn Prof. O. KÜHN für Ratschläge und Hinweise.

System zeigte sich demnach nicht möglich, und so war es nötig, für die fossilen Holothurien-Reste ein künstliches System zu schaffen, um eine Bestandesaufnahme zumindest unter gleichen, wenn auch künstlichen Gesichtspunkten durchführen zu können. Dieser für den Paläontologen wie Stratigraphen gleich wichtigen Aufgabe haben sich 1955 FRIZZELL & EXLINE in einer monographischen Bearbeitung sämtlicher fossilen Holothurien-Sklerite nebst Aufstellung eines künstlichen Systems unterzogen. Wie M. DEFLANDRE-RIGAUD betont, handle es sich hierbei um eine Parataxionomie, und der 1958 abgehaltene Londoner Int. Zoologie-Kongreß habe die Schaffung einer Parataxionomie innerhalb der zoologischen Nomenklatur nicht zugelassen. Demgegenüber schlägt 1961 DEFLANDRE-RIGAUD vor, die isolierten fossilen Sklerite in einer morphologischen und parataxionomischen Klassifikation zu trennen, und in der natürlichen, taxionomischen Klassifikation die Abdrücke der ganzen Tiere und die Gesamtheit der bezeichnenden Sklerite zu vereinigen (indem man ihnen den Artwert zuerkennt). Praktisch ergibt sich dasselbe, da ja FRIZZELL & EXLINE letzten Endes nichts anderes anstreben. Und schließlich liegt uns ein gleichgeartetes Problem in der Klassifikation der Conodonten vor, bei deren Taxionomie gleichfalls — mit Erfolg — eine Einteilung in Genera und Arten getroffen wurde. Am zweckmäßigsten scheint demnach eine vorläufige Taxionomie im Sinne von FRIZZELL & EXLINE, immer mit dem Hinblick auf eine etwaige spätere Koordinierung mit ganzen Exemplaren, welche erst bei *Palaeocucumaria hunsrueckiana* LEHMANN (durch SEILACHER 1961) möglich geworden ist, die aber kaum je wird zur Gänze durchführbar sein. Diese Interpretation und Einteilung in Familien, Gattungen und Arten wird denn auch von nahezu allen Autoren gehandhabt mit Ausnahme von DEFLANDRE-RIGAUD, welche die umständliche und im Effekt doch nicht wertvollere Schreibweise der Gegenüberstellung der systematischen Einteilung nach CRONEIS bzw. LINNÉ gewählt hat.

Ferner seien einige Bemerkungen zu verschiedenen Auffassungen von FRIZZELL & EXLINE und DEFLANDRE-RIGAUD über einige Gattungen gestattet, die auch in meinem Material auftreten. Im Nomenclator zoologicus 1940, IV, S. 459 wird *Theelia* SCHLUMBERGER, 1890 vor *Theelia* LUDWIG (non SCHLUMBERGER 1890), 1891 zitiert. Hauptsächlich auf diesem Zitat beruht die Verwendung bzw. Wiedereinführung des Gattungsnamens *Theelia* SCHLUMBERGER, 1890 (Priorität) durch FR. & EXL. gegenüber dem von DEFL.-RIG. 1949 für die gleiche Gattungsgruppe eingeführten neuen Namen *Chiridotites*. DEFL.-RIG. hat nun besonders 1957, S. 353—354 gezeigt, daß die Gattung *Theelia* LUDWIG, 1889 publiziert worden ist und die Reihenfolge richtig heißen muß: *Theelia* LUDWIG, 1889 vor *Theelia* SCHLUMBERGER (non LUDWIG 1889), 1890. *Theelia* SCHL., 1890 wäre demnach ein jüngeres Homonym von *Theelia* L., 1889. Nun gibt aber DEFL.-RIG. selbst im nächsten Absatz an (wie auch FR. & EXL.), daß in der Folge *Theelia* L., 1889 mit *Stolinus* SELENKA, 1868 gleichgesetzt worden ist. *Theelia* L., 1889 ist somit ein jüngeres Synonym von *Stolinus* SELENKA, 1868 und nicht verfügbar. Nach dem Homonymiegesetz Art. 53, S. 26 der Int. Regeln Zoolog. Nomenklatur vom XV. Int. Zool. Kongreß 1958 (deutsch 1962) muß „jeder Name, der jüngeres Homonym eines verfügbaren Namens ist, verworfen und ersetzt werden", ein **nicht verfügbarer** Name jedoch **tritt nicht in die Homonymie ein** (Art. 54). *Theelia* SCHLUMBERGER, 1890, emend. FRIZZELL & EXLINE, 1955 (nicht homonym zu *Theelia* L.) bleibt somit verfügbar und aufrecht, während *Chiridotites* DELF.-RIG., 1949, gleich diagnostiziert mit *Theelia* SCHL., 1890 (im Gegensatz von *Theelia* SCHL. zu *Theelia* L.), als jüngeres Synonym von *Theelia* SCHL., 1890 zu verwerfen ist.

Einen weiteren Unstimmigkeitspunkt stellt die Gattung *Eocaudina* MARTIN, 1952 bzw. *Cucumarites* DEFL.-RIG., 1948 dar, zu welchem sich schon LANGENHEIM & EPIS, 1957, geäußert und die Gattung *Eocaudina* bekräftigt haben. Die Begründung von FR. & EXL. ist gegenüber jener von DEFL.-RIG. stichhältig, und sowohl die Gattung *Eocaudina* MARTIN, 1952, emend. FR. & EXL. als auch die Gattung *Cucumarites* DEFL.-RIG., 1949, emend. FR. & EXL. bleiben verfügbar.

Zu DÉFL.-RIG. 1961, S. 24, 8. Abs. wäre nebenbei Folgendes zu bemerken: DEFL.-RIG. meint, *Stueria* SCHLUMBERGER, 1888 sei praktisch ein Homonym von *Sturia* MOJSISOVICS, 1882, da trotz des Unterschiedes von einem Buchstaben die Aussprache des Wortes nicht genügend verändert sei und die unbestreitbare Gefahr von Verwechslungen bestehe (phonetische Homonymie). Es besteht keine phonetische Homonymie, weil das e nicht als stummer Vokal gewertet wird (siehe auch Zool. Nom.-Regeln S. 52, C 1). Es ist aber trotzdem unbedingt auf Art. 56a, S. 27 der Int. Reg. Zool. Nomenklatur zu verweisen, welcher eindeutig festlegt: „Selbst wenn die Abweichung zwischen zwei Namen der Gattungsgruppe nur in einem Buchstaben besteht, sind die beiden Namen nicht als Homonyme zu werten."

A. Sklerite aus Cassianer Mergeln, O.-Ladin

Allgemeines

Das Material stammt aus dem gleichen Fundgebiet, aus dem auch die von GÜMBEL beschriebenen Holothurien-Sklerite herrühren, nämlich den Cassianer Schichten S St. Cassian im Bereich Pralongia-Stuores. GÜMBELS Material wurde — ohne Angabe eines näheren Fundpunktes — den „Schichten mit *Cardita crenata* von St. Cassian", demnach also den Unteren Cassianer Schichten entnommen. Die hier beschriebenen Holothurien-Sklerite stammen aus verschiedenen Fundpunkten aus den Oberen Cassianer Schichten des Pralongiakamm-Südabfalles, in denen bei der eigenen Aufsammlung wesentlich reichere, aber grundsätzlich gleichermaßen zusammengesetzte Mikrofaunen angetroffen wurden. Die geeigneteren, besser erschlossenen Profile liegen auf dem Pralongia-SW-Abfall. Auf dem flacheren Nordgehänge kommen zwar die verschiedenen Horizonte der Cassianer Schichten ebenfalls wieder an die Oberfläche, sind aber durch Rutschungen stärker verschüttet (vgl. Karte von G. MUTSCHLECHNER, Jb. G. B. A. *83*, Wien 1933, Taf. 6).

Sämtliche von GÜMBEL beschriebenen und abgebildeten Holothurien-Reste wurden in den Proben von der Pralongia-S-Seite wiedergefunden, sieben neue Formen kamen noch hinzu. Mit Ausnahme von *Eocaudina guembeli* FR. & EXL., welche nur in Probe x 27 als ein Bruchstück aufschien, sind die übrigen GÜMBEL-Formen in allen Proben gleichermaßen vorhanden. Die auch bei GÜMBEL bereits abgebildeten stabartigen Sklerite, „*Rhabdotites*" *rectus* FR. & EXL., bilden durch ihr massenhaftes Auftreten einen charakteristischen Bestandteil der Mikrofauna, werden aber zufolge ihrer Sonderstellung getrennt bearbeitet. Obgleich GÜMBEL selbst bei seiner Erstbeschreibung der Holothurien-Reste noch keine systematische Einordnung vorgenommen hatte, konnten FRIZZELL & EXLINE diese auf Grund seiner ausgezeichneten Abbildungen — abgesehen von den stabförmigen Elementen — unter entsprechender Benennung in ihr neues System einreihen. Obgleich GÜMBELs Originalmaterial nach der freundlichen Mitteilung von Herrn Dr. H. ZÖBELEIN, München, infolge Kriegseinwirkung vernichtet worden ist, wurde eben wegen der ausreichenden Originalabbildungen auf eine Aufstellung von Neotypen (mit einer Ausnahme bei *Calcligula triassica* FR. & EXL.) verzichtet.

Der Gesamtbestand an Holothurien-Skleriten aus dem Pralongiagebiet umfaßt:

Calclamnoidea canalifera n. sp.	h
Eocaudina guembeli FR. & EXL.	ss
Eocaudina cassianensis FR. & EXL.	h
Eocaudina eurymarginata n. sp.	s
Mortensenites insolitus n. sp.	s
Etheridgella pentagonia n. sp.	ss
Calcligula triassica (FR. & EXL.)	hh
Acanthotheelia spinosa FR. & EXL.	hh
Theelia tubercula n. sp.	h

Theelia guembeli n. sp.　　　　ss
Theelia pralongiae n. sp.　　　　ns
„*Rhabdotites*" *rectus* FR. & EXL.　massenhaft

Die Bestätigung über die weitere Verbreitung solcher Holothurien-Sklerite in den Cassianer Schichten Südtirols auch außerhalb der Typlokalität erbrachte eine Reihe von Vergleichsproben, von denen als Beispiel die Fauna vom Sellajoch, die mitbearbeitet wurde, angeführt sei:

Etheridgella pentagonia n. sp.　　　ns
Acanthotheelia spinosa FR. & EXL.　ns
Theelia tubercula n. sp.　　　　　s
„*Rhabdotites*" *rectus* FR. & EXL.　h

Sämtliche Figuren wurden im gleichen Maßstab dargestellt, um die oft beträchtlichen Größenunterschiede der einzelnen Sklerite zu veranschaulichen.

Fundortbeschreibung

a) Pralongia S-Seite

Die Holothurien-Sklerite führenden Fundpunkte von der Pralongia-Kamm-Südseite wurden bereits anläßlich der Beschreibung ihrer Foraminiferenfauna (Jb. Geol. B. A. Sonderbd. 5, 1960, S. 51) näher charakterisiert. Sie liegen sämtliche nahe S des Hauptkammes zwischen Pralongia-Gipfel und Kote 2181, 4 km ESE Corvara, Südtiroler Dolomiten (Abb. 1). Punkt 23 und 26 liegen innerhalb des „Tuffbandes", die Punktgruppe 27 in den Oberen Cassianer Schichten im Sinne G. MUTSCHLECHNER, 1933.

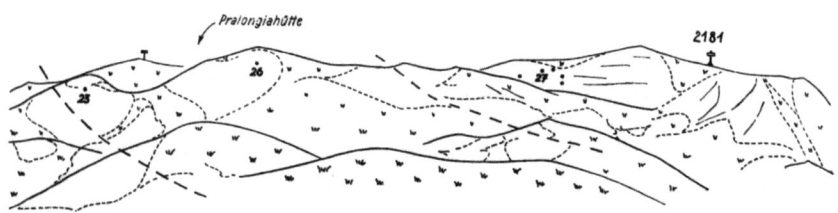

Abb. 1: Aufschlußskizze der Pralongia-Südseite, 4 km ESE Corvara, Südtiroler Dolomiten. Blick von S. Gesamtlänge des gezeichneten Abschnittes 800 m.

Die Mikrofauna sämtlicher Proben wird durch folgende Elemente charakterisiert: Die stratigraphisch wertvollen Foraminiferenarten der Variostomiden-Gattungen bilden zahlenmäßig den überwiegenden Bestandteil der Foraminiferenfauna. Deren Rest setzt sich aus Lageniden (vornehmlich *Rectoglandulina, Lenticulina, Dentalina*) zusammen. Das zweite Hauptelement der Mikrofauna liefern die Echinodermen, deren Hauptbestandteil wiederum die ebenfalls stratigraphisch wertvollen Holothurien-Sklerite darstellen. Ostracoden treten stark zurück.

Probe x 23:

Die blaugrauen bis dunkelgrauen Mergel im Basalteil des Tuffbandes führen gegenüber den beiden anderen Proben eine ärmere Mikrofauna mit

Duostomina biconvexa KRISTAN	h
Duostcmina alta KR.	s
und *Calclamnoidea canalifera* n. sp.	s
Eocaudina cassianensis FR. & EXL.	ns
Mortensenites insolitus n. sp.	s
Calcligula triassica (FR. & EXL.)	ss
Acanthotheelia spinosa FR. & EXL.	ns
Theelia tubercula n. sp.	h
Theelia pralongiae n. sp.	ns
„*Rhabdotites*" *rectus* FR. & EXL.	massenhaft

Probe x 26:

Dunkelgraue Mergel im Mittelteil des Tuffbandes mit

Variostoma pralongense KR.	ss
Diplotremina astrofimbriata KR.	s
Duostomina biconvexa KR.	s
Duostomina alta KR.	s
und *Calclamnoidea canalifera* n. sp.	hh
Eocaudina cassianensis FR. & EXL.	ns
Eocaudina eurymarginata n. sp.	s
Calcligula triassica (FR. & EXL.)	hh
Acanthotheelia spinosa FR. & EXL.	hh
Theelia pralongiae n. sp.	ss
„*Rhabdotites*" *rectus* FR. & EXL.	massenhaft

Probe x 27:

Die Sammelprobe aus braungrauen und plattigen rotbraunen Mergeln mit *Cardita crenata* GOLDF. enthält:

Variostoma pralongense KR.	h
Variostoma exile KR.	h
Diplotremina astrofimbriata KR.	h
Duostomina biconvexa KR.	s
Duostomina alta K R.	s

Zu: E. KRISTAN-TOLLMANN, Holothurien-Sklerite aus der Trias usw. Tafel 1

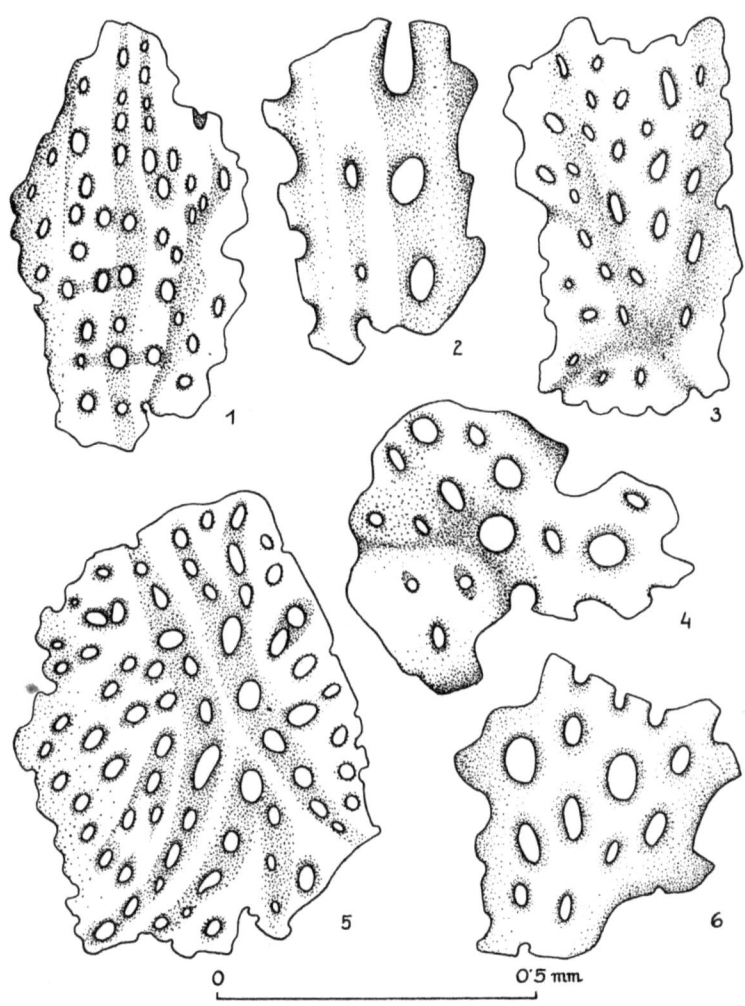

Erläuterung zu Tafel 1, O.-Ladin

Fig. 1—6: *Calclamnoidea canalifera* n. sp. 359
    Fig. 3: Holotypus.
    Fig. 1, 3—6: Pralongia-S, Cassianer Schichten, Probe x 26.
    Fig. 2: Pralongia-S, Cassianer Schichten, Probe x 27.
    Sämtliche Fig. Bruchstücke.

und *Calclamnoidea canalifera* n. sp.   s
Eocaudina guembeli FR. & EXL.   ss
Eocaudina cassianensis FR. & EXL.   s
Etheridgella pentagonia n. sp.   ss
Calcligula triassica (FR. & EXL.)   ns
Acanthotheelia spinosa FR. & EXL.   ss
Theelia guembeli n. sp.   ss
„*Rhabdotites*" *rectus* FR. & EXL.   massenhaft

b) Sellajoch

Die Mikrofauna stammt aus braunen, etwas sandigen, dünnschichtigen Cassianer Mergeln mit oolithischen Lagen vom SW-Rand der Sellajoch-Straße NW beim Sellajoch-Straßensattel 800 m ENE vom Sellajoch. Sie gehört damit noch dem tieferen Teil der Cassianer Mergel an. Die Mikrofossilführung dieses Fundpunktes ist in ihrer Gesamtheit etwas artenärmer als jene der Pralongia. Sie enthält an wichtigeren Elementen:

Diplotremina astrofimbriata KR.   ss
Duostomina biconvexa KR.   h
und *Etheridgella pentagonia* n. sp.   ns
Acanthotheelia spinosa FR. & EXL.   ns
Theelia tubercula n. sp.   s
„*Rhabdotites*" *rectus* FR. & EXL.   h

Systematische Beschreibung
Fam.: Calclamnidae
Genus: *Calclamnoidea* FRIZZELL & EXLINE, 1955

Calclamnoidea canalifera n. sp.
(Taf. 1, Fig. 1—6; Taf. 2, Fig. 1—2)

Derivatio nominis: lat., nach den Längsrillen.
Holotypus: Taf. 1, Fig. 3.

Aufbewahrung: Sammlung KRISTAN-TOLLMANN, H 1, Geologisches Institut der Universität Wien.

Locus typicus: Große Rutschung an der Südseite des Kammes zwischen Pralongia-Gipfel uud Kote 2181 (625 m ESE davon), 4 km ESE Corvara, Südtiroler Dolomiten (Probe x 26).

Stratum typicum: Mittel-Trias, O.-Ladin, Cordevol, Mittelteil des „Tuffbandes", welches die Untere und Obere Kalk- und Mergelgruppe der Cassianer Schichten trennt.

Material: Zahlreiche Exemplare.

Diagnose: Eine Art der Gattung *Calclamnoidea* FRIZZELL & EXLINE, 1955 mit folgenden Besonderheiten: Oft gebogene Platten mit in Größe und Gestalt variierenden Löchern, die aber gerne durch Längsrillen verbunden werden. Platten auf der Seite der Längsrillen auch mit eingebuchteten Lochrändern, auf der anderen Seite glatt.

Beschreibung: Sklerite in Form von nur in Bruchstücken erhaltenen, ziemlich großen, oft gebogenen Platten mit vermutlich glattem Rand. Die Gesamtform der Platten ist nicht eindeutig ersichtlich, dürfte jedoch eine mehr längliche sein. Die glattrandigen Löcher sind unregelmäßig angeordnet und variieren sowohl in der Größe als auch in der Form, welche von kreisrund über vorwiegend etwas länglich bis zu schmal-langgestreckt reicht. Der ziemlich große Abstand zwischen den einzelnen Löchern ist charakteristisch. Auf einer Seite der Platte werden die Lochränder eingebuchtet und eine Reihe von Löchern bisweilen durch irregulär angeordnete Längsrillen verbunden, die andere Seite der Platte bleibt glatt. Auch die Dicke der Platten variiert stark. Gemeinsam ist allen die etwas milchig-glasige Beschaffenheit. Löcher oft sekundär verkrustet.

Maße des Holotypus: Länge 0,63 mm, Breite 0,35 mm.

Weitere Fundorte: Pralongia-S-Seite, Probe x 23 s, x 27 s.

Genus: *Eocaudina* MARTIN, 1952, emend. FRIZZELL & EXLINE, 1955

Eocaudina guembeli FRIZZELL & EXLINE, 1955

(Taf. 2, Fig. 3)

1869 *Dictyocha* ähnliche Körperchen — GÜMBEL, S. 179, Taf. 5, Fig. 24.
1955 *Eocaudina guembeli* FRIZZELL & EXLINE, S. 86, Taf. 3, Fig. 6.

Beschreibung: In unserem Material liegt nur ein einziges Bruchstück dieser Art vor, welches jedoch infolge der charakteristischen Merkmale — eckige Löcher und gezackter Rand — einwandfrei zuordenbar ist. Wie sich an diesem Exemplar zeigt, dürften die Löcher regelmäßiger gekantet sein, als bei GÜMBEL abgebildet, nämlich sechseckig, und über jedem Loch des äußeren Randes befindet sich je eine Zacke. Der Abstand zwischen den einzelnen Löchern, die nach außen kleiner werden, bleibt annähernd gleich und wesentlich geringer als etwa bei *Eocaudina cassianensis* FR. & EXL.

Fundort: Pralongia-S-Seite, Probe x 27.

Eocaudina cassianensis FRIZZELL & EXLINE, 1955, emend.

(Taf. 2, Fig. 4—7)

1869 *Dictyocha* ähnliche Körperchen — GÜMBEL, S. 179, Taf. 5, Fig. 23.
1955 *Eocaudina cassianensis* FRIZZELL & EXLINE, S. 84, Taf. 2, Fig. 20.

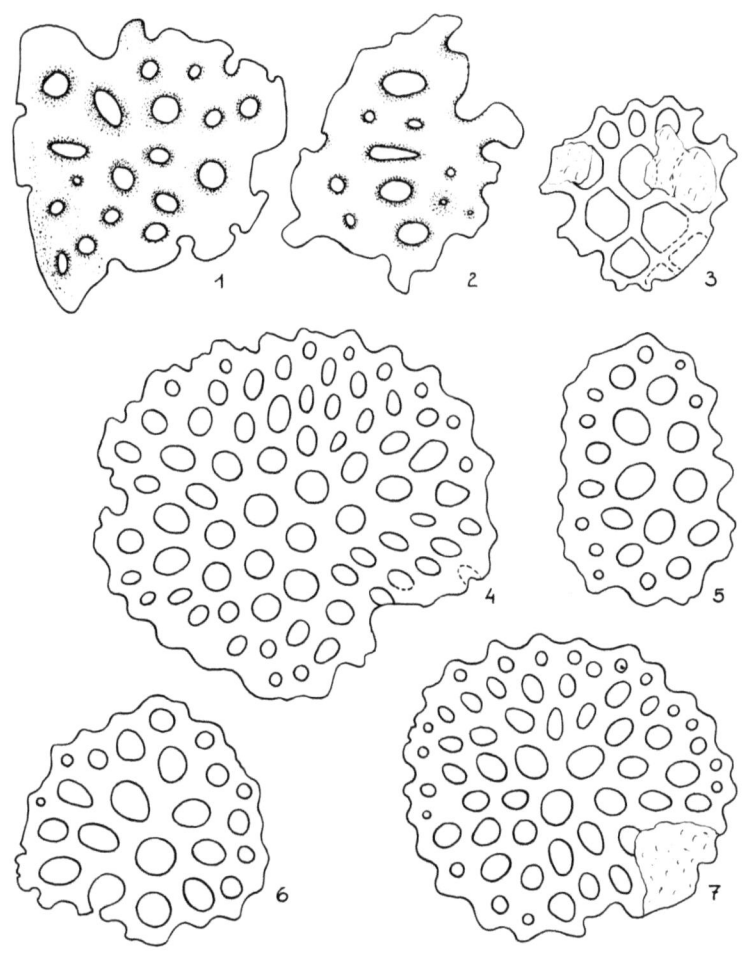

Erläuterung zu Tafel 2, O.-Ladin

Fig. 1—2: *Calclamnoidea canalifera* n. sp. 359
Beide Fig. von S Pralongia, Cassianer Schichten, Probe x 26.
Bruchstücke.
Fig. 3: *Eocaudina guembeli* Fr. & Exl. 360
Bruchstück aus S Pralongia, Cassianer Schichten, Probe x 27.
Fig. 4—7: *Eocaudina cassianensis* Fr. & Exl. 360
Fast vollständig erhaltene Exemplare von S Pralongia, Cassianer
Schichten; Fig. 4 u. 6: Probe x 26, Fig. 5 u. 7: Probe x 27.

Zu: E. KRISTAN-TOLLMANN, Holothurien-Sklerite aus der Trias usw.   Tafel 3

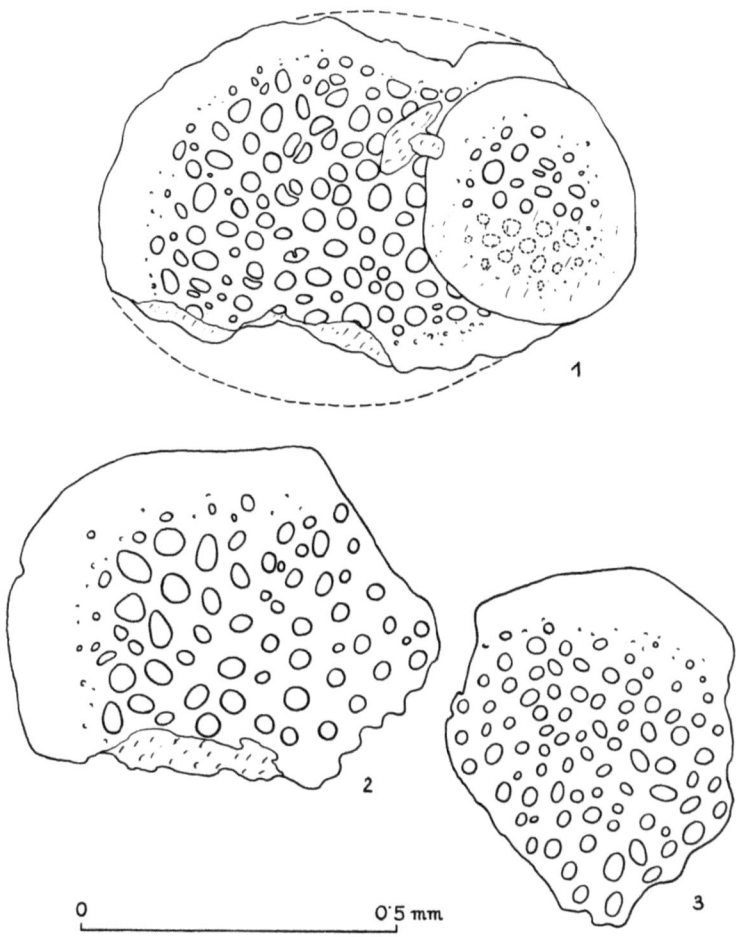

Erläuterung zu Tafel 3, O.-Ladin

Fig. 1—3: *Eocaudina eurymarginata* n. sp. 361
    Fig. 1: Holotypus (große Platte).
    Fig. 2 u. 3: Bruchstücke.
    S Pralongia, Cassianer Schichten, Probe x 26.

Beschreibung: Sklerite in Form von kleineren und größeren, rundlichen, ebenen, dünnen Platten mit etwas unregelmäßig gezacktem Rand. Löcher in größerem Abstand voneinander, in der Mitte der Platte größer, zum Rand der Platte zu kleiner werdend. Im Zentrum der Platte ein oder mehrere größere runde Löcher, umgeben von kleineren länglichen, radial eingeordneten Löchern, am Rand der Platte eine Reihe kleiner runder Löcher, die für gewöhnlich von je einer Zacke des Platten-Außenrandes begleitet werden. Beim Großteil der Exemplare Löcher mit Sekundärmaterial verstopft.

Durchmesser von Fig. 6: 0,65 mm, Fig. 4: 0,39 mm.

Fundorte: Pralongia-S-Seite, Probe x 23 ns, x 26 ns, x 27 s.

Eocaudina eurymarginata n. sp.
(Taf. 3, Fig. 1—3)

Derivatio nominis: Nach dem breiten Rand.

Holotypus: Taf. 3, Fig. 1.

Aufbewahrung: Sammlung KRISTAN-TOLLMANN, H 2, Geologisches Institut der Universität Wien.

Locus typicus: Große Rutschung an der Südseite des Kammes zwischen Pralongia-Gipfel und Kote 2181 (625 m ESE davon), 4 km ESE Corvara, Südtiroler Dolomiten (Probe x 26).

Stratum typicum: Mittel-Trias, O.-Ladin, Cordevol, Mittelteil des ,,Tuffbandes", welches die Untere und Obere Kalk- und Mergelgruppe der Cassianer Schichten trennt.

Material: Vier Exemplare.

Diagnose: Eine Art der Gattung *Eocaudina* MARTIN, 1952, emend. FR. & EXL., 1955 mit folgenden Besonderheiten: Platten mit breitem, glattrandigem, nicht gelochtem Rand. Nicht alle Löcher durchgehend.

Beschreibung: Sklerite in Form von länglich-runden bis ovalen Platten mit glattem Rand. Platten dünn, etwas gewölbt, auf einer Seite glatt, auf der anderen Seite uneben, bucklig-warzig. Löcher klein, rund bis rundlich-länglich, weit auseinanderstehend, auf der anderen Seite zwar alle Löcher durchscheinend, aber nicht alle durchgehend. Löcher glattrandig, des öfteren zwei halbkreisförmig oder auch drei dicht beieinander stehend. Alle Löcher ungefähr gleich groß, von einer lockeren Reihe ganz kleiner Löcher und einem breiten, ungelochten Rand umschlossen.

Maße des Holotypus: Größter Durchmesser 0,81 mm.

Mit dem Holotypus ist, was bei platten- und radförmigen Skleriten oft vorkommt, eine zweite, kleinere Platte verkittet, Paratypoid Nr. 1. Durchmesser 0,40 mm.

Genus: *Mortensenites* DEFLANDRE-RIGAUD, 1952, emend. FRIZZELL & EXLINE, 1955

Mortensenites insolitus n. sp.
(Taf. 4, Fig. 1—2)

Derivatio nominis: insolitus (lat.) = ungewöhnlich.
Holotypus: Taf. 4, Fig. 1.
Aufbewahrung: Sammlung KRISTAN-TOLLMANN, H 3, Geologisches Institut der Universität Wien.
Locus typicus: Große Rutschung an der Südseite des Kammes zwischen Pralongia-Gipfel und Kote 2181, 4 km ESE Corvara, Südtiroler Dolomiten (Probe x 23).
Stratum typicum: Mittel-Trias, O.-Ladin, Cordevol, Basalteil des „Tuffbandes", welches die Untere und Obere Kalk- und Mergelgruppe der Cassianer Schichten trennt.
Material: Etliche Exemplare.
Diagnose: Eine Art der Gattung *Mortensenites* DEFL.-RIG., 1952, emend. FR. & EXL., 1955 mit folgenden Besonderheiten: Oberseite großbuckelig, mit größter Eindellung in der Mitte, Unterseite fast eben. Umriß annähernd rechteckig.
Beschreibung: Sklerite aus mehreren Lagen eng miteinander verbundener, durchlöcherter Platten. Umriß der Sklerite etwa rechteckig, mit unregelmäßig ausgezacktem Rand. Oberseite großbuckelig, die einzelnen Buckel mehr randlich, mit größerer Mitteldelle, Unterseite nahezu eben. Sehr viele kleine Löcher mit großem Abstand, von rundlicher bis länglicher Form. Auf der Unterseite überwiegen größere, mehr langgestreckte und gebogene Löcher.
Maße des Holotypus: Größter Durchmesser 0,52 mm.

Fam.: Etheridgellidae

Genus: *Etheridgella* CRONEIS, 1932

Etheridgella pentagonia n. sp.
(Taf. 4, Fig. 3—6)

Derivatio nominis: griech., fünf Winkel.
Holotypus: Taf. 4, Fig. 3.
Aufbewahrung: Sammlung KRISTAN-TOLLMANN, H 4, Geologisches Institut der Universität Wien.
Locus typicus: SW-Rand der Sellajoch-Straße NW beim Sellajoch-Straßensattel 800 m ENE vom Sellajoch, Südtiroler Dolomiten (Probe x 181).

Zu: E. KRISTAN-TOLLMANN, Holothurien-Sklerite aus der Trias usw.   Tafel 4

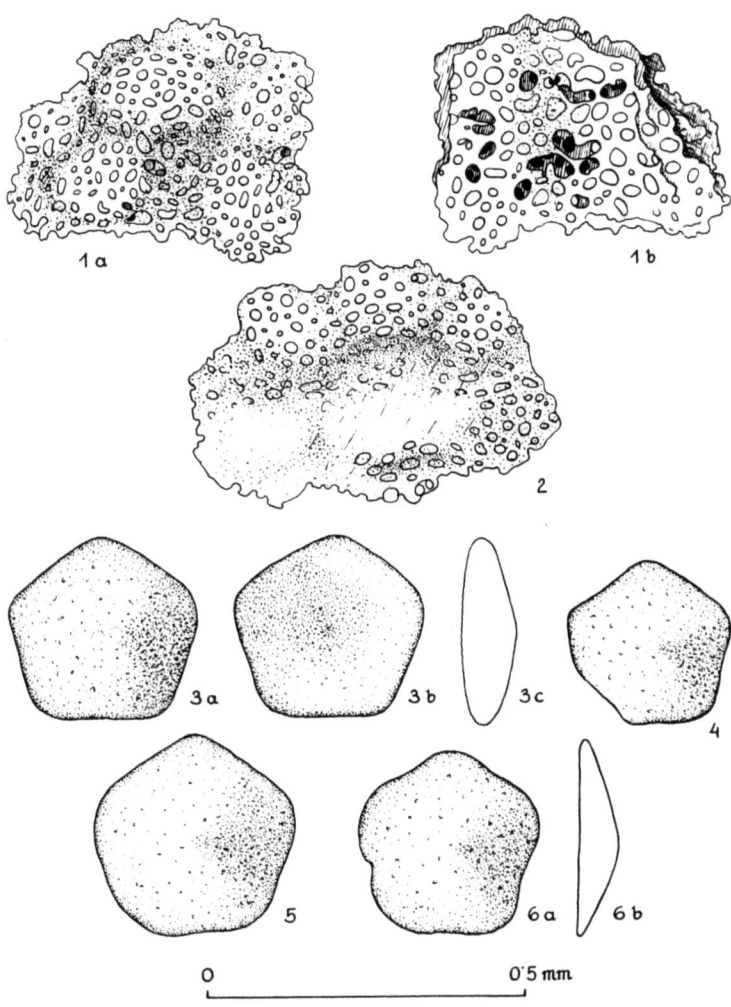

Erläuterung zu Tafel 4, O.-Ladin

Fig. 1—2: *Mortensenites insolitus* n. sp. 362
    Fig. 1: Holotypus von beiden Seiten.
    Fig. 2: Oberfläche in der unteren Hälfte verkrustet.
    S Pralongia, Cassianer Schichten, Probe x 23.
Fig. 3—6: *Etheridgella pentagonia* n. sp. 362
    Fig. 3: Holotypus; a von oben, b von unten, c in Seitenansicht.
    Fig. 3—5: Sellajoch, Cassianer Schichten, Probe x 181.
    Fig. 6: Pralongia-S, Cassianer Schichten, Probe x 27.

Stratum typicum: Mittel-Trias, O.-Ladin, Cordevol, tieferer Teil der Cassianer Mergel.

Material: Etliche Exemplare.

Diagnose: Eine Art der Gattung *Etheridgella* CRONEIS, 1932 mit folgenden Besonderheiten: Scheibe konkavo-konvex mit fünf gerundeten Ecken.

Beschreibung: Sklerite in Form von fünfeckigen, schwach konkavo-konvexen, kompakten Scheiben. Ecken gut gerundet, Rand glatt und dick. Rauhe, mit kleinen, rundlichen Vertiefungen versehene Oberfläche.

Maße des Holotypus: Größter Durchmesser 0,29 mm, Höhe 0,08 mm.

Weiterer Fundpunkt: Pralongia-S-Seite, Probe x 27.

Fam.: Achistridae
Genus: *Calcligula* FRIZZELL & EXLINE, 1955, emend.

Genusdiagnose nach FR. & EXL., aus dem Englischen übersetzt: Sklerite in Form eines Rackets, Löffels oder Schöpflöffels; bestehend aus einem geraden oder gebogenen Stab, gewöhnlich rund oder elliptisch im Querschnitt, endend in einer abgeflachten oder ausgehöhlten Scheibe; Scheibe durchlocht; Länge 0,40 bis 0,56 mm bei den beschriebenen Arten (Stab in jedem Fall gebrochen).

Wie sich an dem sehr reichen Material aus Cassianer Mergeln von der Pralongia-S-Seite gezeigt hat, erhalten die als *Achistrum triassicum* FR. & EXL. benannten Haken in abgebrochenem Zustand genau jene Form, welche von FR. & EXL. als Gattung *Calcligula* aufgestellt wurde. Die Spitzen der gebogenen Haken brechen sehr leicht ab, der obere Teil mit Kopf und einem mehr oder weniger langen Teil des Stieles bleibt übrig. Während die ganzen Haken sich in der Zelle von selbst seitlich legen, legen sich die Bruchstücke mit Kopf so, daß der Kopf flach aufliegt und also von vorne zu sehen ist. Von vorne wirkt dann der Stiel gerade (vgl. Taf. 5, Taf. 6). Das gleiche Bild wie etwa Taf. 6, Fig. 3—8 ergeben die bei FR. & EXL. auf Taf. 1 unter Fig. 27, 28, 29 und 30 abgebildeten Exemplare. Wie FR. & EXL. selbst schreiben (letzter Satz in Genus-Diagnose) und wie auch aus den Zeichnungen hervorgeht, ist jedes Exemplar unten abgebrochen. Obwohl es sich bei Fig. 29 etwa auch um eine Hälfte eines *Binoculites* handeln könnte, bin ich doch überzeugt, daß die Mehrzahl dieser Sklerite nichts anderes als Haken mit abgebrochener Spitze darstellen. Alle Haken (auch solche mit kaum gebogenem Stiel, vgl. Taf. 4, Fig. 25) haben FR. & EXL. in der Gattung *Achistrum* ETHERIDGE, 1881, emend. FR. & EXL., 1955 vereinigt, und diese als *Calcligula* bezeichneten Formen sollten ebenfalls dort untergebracht werden. Nun haben aber FR. & EXL. in der Diagnose die Haken als mit einem Auge angegeben und solchermaßen auch auf jene mit einem Loch beschränkt. Es bleiben zwei Möglichkeiten offen, der neuen Situation gerecht zu werden: Entweder eine Erweiterung der Gattung *Achistrum* auf Haken auch mit mehr als einem Loch, oder die Modifizierung der Gattungsdiagnose von *Calcligula*, welche schon mehrlöcherige Formen enthält, die mit größter Gewißheit abgebrochene Haken darstellen. Ich entscheide mich für die zweite Möglichkeit, stelle richtig und befestige die Diagnose der Gattung *Calcligula*, welche auf abgebrochenen, meist mehrlöcherigen Haken begründet wurde, statt auf stabförmige Sklerite auf Haken mit mehr als einem Loch.

Die emendierte Diagnose der Gattung *Calcligula* lautet nun:

Sklerite wie bei *Achistrum* in Form von Haken mit Spitze, Stiel und verschieden geformtem Kopf, aber im Gegensatz zu *Achistrum* mit mehr als einem Loch.

Die Gattung *Calcligula* FR. & EXL., 1955, emend. ist als zweite Gattung in die Familie Achistridae zu stellen.

Der von FR. & EXL. gewählte Generotypus *Calcligula perforata* FR. & EXL. ist, da ja unten ebenfalls abgebrochen, leider untypisch, aber aufrecht, weil auch bei ihm mit größter Sicherheit eine Hakenform anzunehmen ist.

Eine Trennung der Haken mit nur einer Öse von jenen mit mehr als einem Loch in zwei selbständige Gattungen halte ich für gerechtfertigt, da sich hier ein deutlicher Schnitt zwischen den beiden Gruppen gezeigt hat. Einösige Haken bleiben konstant bei ihrem Merkmal, während mehrlöcherige Haken für sich eine Gruppe bilden. Nicht für zulässig hingegen halte ich eine weitere Aufteilung der mehrlöcherigen Formen in einzelne Untergattungen, wie dies J. S. HAMPTON 1958 durchgeführt hat.

Berechtigung hätte, wie oben ausgeführt, nur eine Abtrennung von mehrlöcherigen Formen gehabt, und man hätte dafür etwa seinen neuen Namen *Cancellrum* verwenden können. Da aber die Gattung *Calcligula* FR. & EXL., 1955 auf durchwegs abgebrochenen, zum Großteil mehrlöcherigen Haken begründet worden war, ist sie (wie oben schon ausgeführt) für mehrlöcherige Haken anzuwenden, und gebührt ihr die Priorität. Eine weitere Aufteilung der mehrlöcherigen Haken ist zumindest in dem Sinne, wie HAMPTON sie angewendet hat, nicht möglich, wie unten im einzelnen ausgeführt werden soll, dann vor allem aber deshalb·nicht, weil die Anzahl der Löcher keine konstante ist (vgl. das Material von *Calcligula triassica* [FR. & EXL.] auf Taf. 6, welches innerhalb der Zahl 2 und 3

Tafel 5

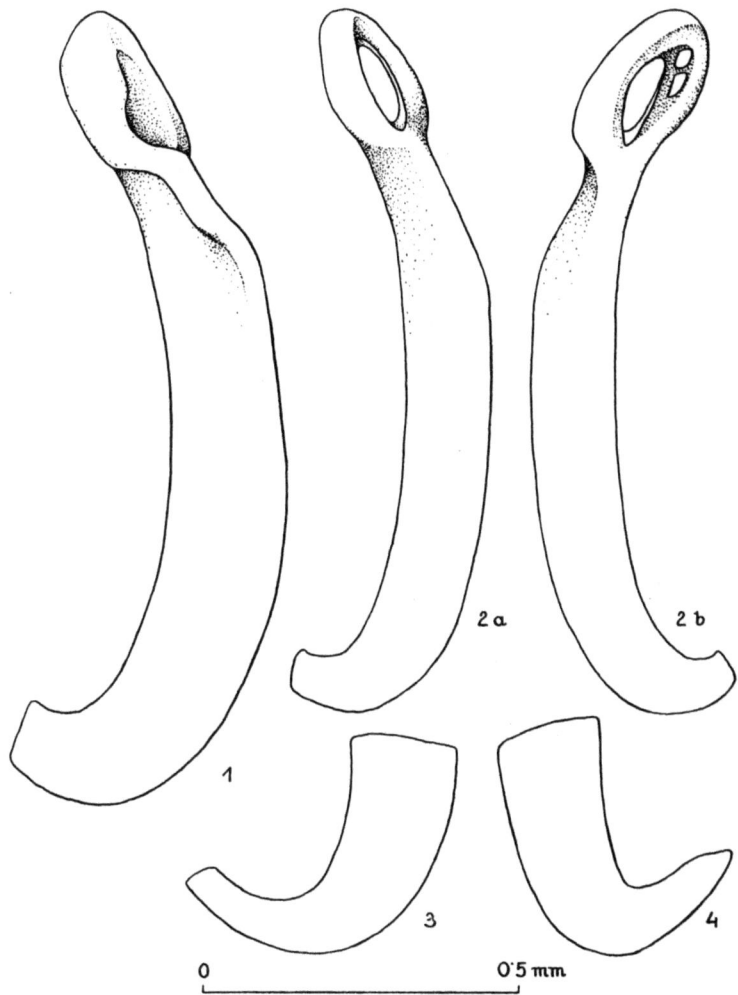

Erläuterung zu Tafel 5, O.-Ladin

Fig. 1—4: *Calcligula triassica* (FR. & EXL.) 366
    Fig. 2: Neotypus von zwei Seiten.
    Fig. 3 u. 4: abgebrochene, isolierte Spitzen.
    Pralongia-S, Cassianer Schichten, Probe x 26.

variiert). Wohl aber ist eine Aufgliederung an Hand guten Materials z. B. in Haken mit Köpfen von besonders geformter, etwa symmetrischer Durchlöcherung und in solche mit durchlochtem Stiel denkbar.

Nun zu den einzelnen Untergattungen von HAMPTON:

1. Subgenus *Spinrum* HAMPTON, 1958

Diese Untergattung wird auf der einzigen Art *Achistrum bartensteini* FR. & EXL. begründet, die wieder auf Abbildungen von „Angel-Haken" durch BARTENSTEIN 1936 zurückgeht. Irrtümlich haben BARTENSTEIN wie FRIZZELL & EXLINE diese Haken für einlöcherig und die kleinen Fortsätze in der Öse für Dornen gehalten, auf welchem Merkmal (Dornen in der Öse) wiederum HAMPTON die U.-Gattung begründet.

Bei etwas genauerer Betrachtung des ausgezeichneten Photos Abb. 6 von H. BARTENSTEIN 1936 zeigt sich aber, daß sämtliche dort wiedergegebenen „Angel-Haken" zwei Löcher besitzen, ein großes, längliches und ein kleines, rundlicheres, beide getrennt durch einen sehr dünnen Steg, der meist gebrochen ist, und dessen verbliebene Reste von H. BARTENSTEIN als Dornen (S. 2, 1. Absatz) gedeutet wurden. Bei den Exemplaren Abb. 6, links außen unten und unten Mitte ist der Steg noch erhalten und das zweite, kleinere Loch zwar verkrustet, aber noch sehr gut zu erkennen.

Diese Art ist als einfache mehrlöcherige Form in die Gattung *Calcligula* FR. & EXL., 1955, emend. als *Calcligula bartensteini* (FR. & EXL.) einzureihen. Die Untergattung *Spinrum* HAMPTON, 1958 ist zu verwerfen.

2. Subgenus *Aduncrum* HAMPTON, 1958

Auch diese Untergattung fußt nur auf einer einzigen Art, nämlich *Achistrum cordatum* HAMPTON. Weder die Art noch die Untergattung halte ich für berechtigt, da es sich hier um eine gewöhnliche Anomaliebildung eines Hakens handelt, und diese Anomalien (Löcher nicht geschlossen, sondern Rand nach innen gebogen) bei den verschiedensten Skleriten in jedem Material gelegentlich auftreten, ohne daß man sie von den zugehörigen Arten deswegen trennen dürfte oder würde.

Beide Untergattungen sind, da auf nicht existenten oder unzureichenden Merkmalen begründet, nicht weiter aufrecht zu erhalten.

3. Subgenus *Cancellrum* HAMPTON, 1958

Begründet auf *Achistrum gamma* HODSON, HARRIS & LAWSON, mit dem Gattungsmerkmal „Kreuzsteg", und auf *Achistrum monochordata* HODSON, HARRIS & LAWSON.

Abgesehen von der Vermutung, daß *Achistrum monochordata* H., H. & L. mit *Calcligula bartensteini* (FR. & EXL.) gleichzusetzen ist, die ich ohne Material, nur auf Grund der Zeichnung Fig. 11 bei H., H. & L. nicht eindeutig belegen kann, ist festzustellen, daß *A. monochordata* und *A. gamma* nur eine Art darstellen. Denn eine gewisse Variabilität ist auch in der Ausbildung der einzelnen Sklerite vorhanden, und gerade die weitere Verzweigung des dünnen Zwischenstücks beim Kopf und dadurch eine gewisse Spanne in der Zahl der Löcher hat viele Parallelen bei anderen Skleriten. Außerdem ließ sich eine gleiche Variationsbreite zwischen 2 und 3 Löchern auch bei dem sehr reichen Material von *Calcligula triassica* (FR. & EXL.) feststellen. Außer in der Verschiedenheit der Lochanzahl sind ja die Sklerite von *A. monochordata* und *A. gamma* völlig gleich ausgebildet.

Diese Untergattung hat gleiche Gattungsmerkmale (nur etwas anders ausgedrückt) wie die emendierte Gattung *Calcligula* FR. & EXL., 1955, und ist daher als deren jüngeres Synonym zu betrachten.

Hier sei noch eine Bemerkung zur Arbeit von HODSON, HARRIS & LAWSON 1956 gestattet. Die Gattungsmerkmale von *Rhabdotites* DEFL.-RIG., 1952 sind folgende: Einfache, gerade oder gebogene Stäbchen mit Knopf an jedem Ende. Die Artmerkmale von *Rhabdotites dorsetensis* H., H. & L., 1956 sind: Glatte, gerade bis gebogene Stäbchen mit bestachelten Köpfen an beiden Enden, wobei die Höcker in Reihen angeordnet sind. In diese Artdiagnose gehören auch alle anderen, als neue Arten aufgeführten Sklerite *R. divergens*, *R. bifidus*, *R. tridens*, höchstwahrscheinlich auch *R. irregularis*, da sie ebenfalls gleich bestachelte Köpfe aufweisen und nichts anderes als Anomalien, abweichende, irgendwie verzweigte Wuchsbildungen von *R. dorsetensis* darstellen, die auch entsprechend seltener gegenüber der normalen Wuchsform des *R. dorsetensis* auftreten. Für die ganze Gruppe ist ein Artname zu gebrauchen, ich wähle *R. dorsetensis*, da er für die zahlenmäßig größte Gruppe (siehe Fig. 5, 6, S. 338), die normal ausgebildeten Sklerite, aufgestellt wurde; alle anderen sind zu verwerfen.

Calcligula triassica (FRIZZELL & EXLINE, 1955), emend.
(Taf. 5, Fig. 1—4; Taf. 6, Fig. 1—8; Taf. 7, Fig. 1)

1869 *Synapta* ähnliche Körper — GÜMBEL, S. 179, Taf. 5, Fig. 11—13.
1955 *Achistrum triassicum* FRIZZELL & EXLINE, S. 99, Taf. 4, Fig. 30, 32, 33 (non Fig. 31).

Beschreibung (an Hand sehr zahlreicher Exemplare): Sehr große, robuste Sklerite in Form von mäßig gebogenen Haken. Stiel nur schwach gekrümmt, die kräftige Spitze jedoch rasch in einem Winkel von 90° oder spitzer umgebogen. Stiel mit ovalem Querschnitt, in Seitenansicht breiter als von vorne. Im obersten Viertel oder Fünftel nimmt der Stiel am Rücken rasch zum flachen Kopf

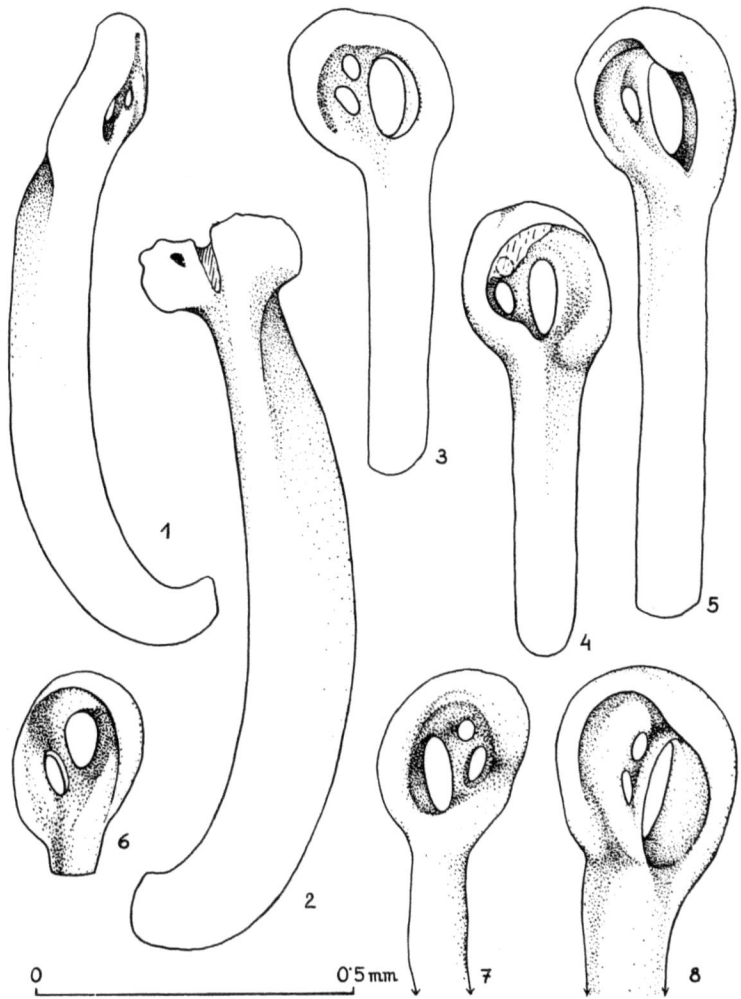

Erläuterung zu Tafel 6, O.-Ladin

Fig. 1—8: *Calcligula triassica* (FR. & EXL.) 366
  Fig. 2: Kopf abgebrochen.
  Fig. 3—8: zeigt die Variabilität des Kopfes mit 2—3 Ösen; Spitze und Teil des Stieles abgebrochen.
  S Pralongia, Cassianer Schichten; Fig. 1, 3—8: Probe x 26, Fig. 2: Probe x 27.

an Breite ab. Der Kopf des Hakens hat in Seitenansicht nur etwa halbe Dicke des Stieles, ist in Vorderansicht jedoch wesentlich verbreitert zu einem meist asymmetrischen Löffel. Manche Exemplare zeigen Ähnlichkeit mit Ohrmuscheln (vgl. Taf. 6, Fig. 5, 8). Während der Rand des in seiner Form ziemlich variierenden, länglichen bis breiten, löffelförmigen Kopfes verdickt ist, wird die innere Höhlung von der Vorderseite mehr, von der anderen Seite weniger stark eingebuchtet. In dieser Höhlung befinden sich ein großes, längliches bis ovales Loch und seitlich daneben noch ein bis zwei kleinere längliche Löcher. Es wurden sämtliche der sehr zahlreichen Exemplare durchgesehen und kein einziges mit nur einem Loch gefunden. Allerdings zeigten sich viele Sklerite in der Höhlung mit Sekundärmaterial verkrustet, welches gerne zumindest die kleinen Löcher verstopfte, das große Loch jedoch freiließ, dadurch in vielen Fällen einlöcherige Haken vortäuschend. Die vollständig erhaltenen Haken haben meist eine Länge von über 1 mm.

Bemerkungen: Wie aus dem Fundgebiet, der Zusammensetzung der Fauna und aus dem Vergleich der hier und der bei GÜMBEL abgebildeten Exemplare hervorgeht, handelt es sich um ein und dieselbe Art (vgl. GÜMBEL, Taf. 5, Fig. 12 und hier Taf. 5, Fig. 1, 2 und Taf. 6, Fig. 1; bzw. GÜMBEL, Taf. 5, Fig. 11 und 13 und hier Taf. 5, Fig. 2a; Taf. 6, Fig. 3—8), nur daß GÜMBEL seinerzeit die zusätzlich vorhandenen kleineren, oft verstopften Löcher entgangen sind.

FRIZZELL & EXLINE 1955 haben für diese Art (*Achistrum triassicum*) Fig. 12 bei GÜMBEL, bei ihnen Taf. 4, Fig. 33, als Holotypus gewählt. Da jene Abbildungen der Art *A. triassicum* nur ein Loch zeigen und aus diesem Grund von FR. & EXL. auch zur Gattung *Achistrum* gestellt wurden, sich andererseits jedoch klären ließ, daß diese Art mehr als ein Loch aufweist und daher zur Gattung *Calcligula* überstellt werden muß, scheint nun die als Holotypus erwählte ursprüngliche Abbildung von GÜMBEL als zu sehr verwirrend und irreführend. Weil außerdem das Originalmaterial von GÜMBEL verlorengegangen ist — wie mir auf meine Anfrage Herr Dr. H. K. ZÖBELEIN, München, vom 20. Juni 1962 mitteilt, sind die Kisten mit dem GÜMBELschen Material, welches der Bayer. Staatssammlung f. Pal. u. hist. Geol. einverleibt werden sollte, durch Kriegseinwirkung vernichtet worden — und daher eine Revision des Typusmaterials nicht mehr möglich ist, zeigt es sich in diesem Falle doch — um Verwechslungen auszuschließen — für nötig, einen Neotypus gemäß Art. 75, S. 41 (der Int. Reg. Zool. Nomenklatur XV. Int. Zool. Kongr. 1958, deutsche Ausgabe 1962) festzulegen.

Als Neotypus der Art *Calcligula triassica* (Fr. & Exl., 1955), emend. wird der auf Taf. 5, Fig. 2a und 2b von zwei Seiten abgebildete Sklerit festgelegt. Fig. 2a zeigt die eine Seitenansicht mit nur einem sichtbaren Loch, welche Fig. 12, Taf. 5 bei Gümbel ähnelt, die Ansicht der anderen Seite, Fig. 2b, läßt auch die beiden kleineren seitlichen Löcher erkennen. Spitze nicht vollständig erhalten.

Allgemeine Beschreibung sowie weitere Angaben zu Art. 75c, Punkt 1, 2, 3, 4 siehe oben.

Fundort: Große Rutschung an der Südseite des Kammes zwischen Pralongia-Gipfel und Kote 2181 (625 m ESE davon), 4 km ESE Corvara, Südtiroler Dolomiten (Probe x 26). Mittel-Trias, O.-Ladin, Cordevol, Mittelteil des „Tuffbandes", welches die Untere und Obere Kalk- und Mergelgruppe der Cassianer Schichten trennt.

Vergleich zu Gümbels Fundpunkt siehe Kapitel „Allgemeines" zu „A. Sklerite aus Cassianer Mergeln, O.-Ladin", S. 355.

Aufbewahrung: Sammlung Tollmann-Kristan, H 5, Geologisches Institut der Universität Wien.

Bemerkung: Die von Fr. & Exl. auf Taf. 4, Fig. 31 irrtümlich ebenfalls als *Achistrum triassicum* nach Gümbel, Taf. 5, Fig. 10 abgebildete Figur ist in Wirklichkeit die Seitenansicht von *Cornuspira pachygyra* Gümbel, Fig. 9, wie auch aus der Tafelerklärung S. 186 ersichtlich.

Fam.: Theeliidae

Genus: *Acanthotheelia* Frizzell & Exline, 1955

Acanthotheelia spinosa Frizzell & Exline, 1955, emend.

(Taf. 7, Fig. 2—7)

1869 Kalkrädchen von Holothurien — Gümbel, S. 178—179, Taf. 5, Fig. 21—22.

1955 *Acanthotheelia spinosa* Frizzell & Exline, S. 112, Taf. 6, Fig. 7—8.

Beschreibung: Sklerite in Form von ganz flachen, in der Größe etwas variierenden Rädchen mit durchschnittlich 9—11, vorwiegend 10 Speichen. Speichen mit parallelen Seiten, beidseitig glatt. Nabe ziemlich groß, auf der Oberseite halbkugelig erhöht, auf der Unterseite flach und mit einer mehr oder minder großen rundlichen Eindellung. Speichenzwischenräume außen halbkreisförmig begrenzt, Rand der Rädchen ausgezackt, über jedem Speichen-Zwischenraum eine große Zacke, beidseits flankiert von je einer kleinen Zacke. In weniger idealen Fällen können die kleinen

Zu: E. KRISTAN-TOLLMANN, Holothurien-Sklerite aus der Trias usw. Tafel 7

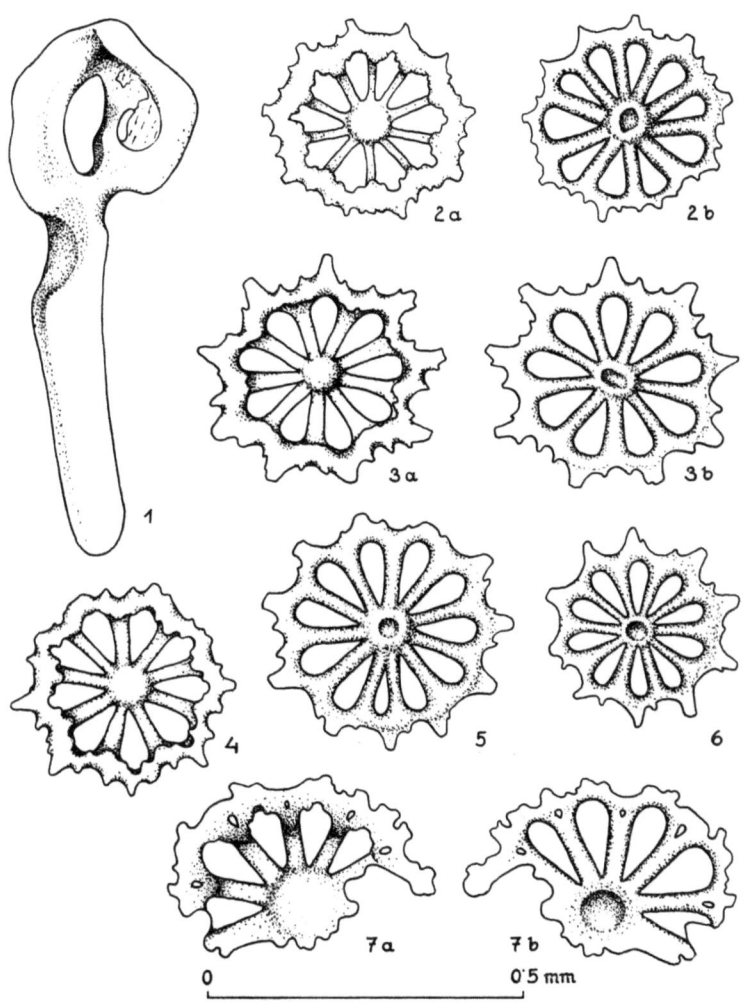

Erläuterung zu Tafel 7, O.-Ladin

Fig. 1: *Calcligula triassica* (FR. & EXL.) 366
Etwas deformierter Kopf.
Pralongia-S, Cassianer Schichten, Probe x 26.

Fig. 2—7: *Acanthotheelia spinosa* FR. & EXL. 368
Fig. 2a, 3a, 4, 7a: Ansicht von oben,
Fig. 2b, 3b, 5, 6, 7b: Ansicht von unten.
Fig. 2: Sellajoch, Cassianer Schichten, Probe x 181.
Fig. 3—6: S Pralongia, Cassianer Schichten, Probe x 26;
Fig. 7: Probe x 27.

Zacken unregelmäßig fehlen oder sich auf der großen Zacke noch weitere kleine einschalten. In den seltensten Fällen sind die großen Zacken zur Gänze erhalten. Felge schmal und dünn, auf der Oberseite mit ausgezacktem innerem Rand, welcher im Idealfall genau der äußeren Zackenlinie parallel nachgeformt wird. Unterseite des Rädchens ganz flach. Speichen-Zwischenräume oft mit Sekundärmaterial verkrustet. Bei einem großen Rädchen wurden auch am äußeren Ende der Speichen kleine mandelförmige Löcher festgestellt (Fig. 7a, b). Des öfteren finden sich zwei Rädchen zusammengekittet. Oberseite und Unterseite gleichen sich im wesentlichen.
Maße von Fig. 3: Größter Durchmesser 0,39 mm,
Fig. 5: größter Durchmesser 0,39 mm,
Fig. 6: größter Durchmesser 0,31 mm.

Bemerkung: Beide von GÜMBEL dargestellten und sehr gut wiedergegebenen Rädchen sind mit der Unterseite abgebildet.

Fundorte: Pralongia S-Seite, Probe x 23: ns,
Probe x 26: hh,
Probe x 27: ss (Taf. 7, Fig. 7),
Sellajoch, Probe x 181: ns.

Genus: *Theelia* SCHLUMBERGER, 1890

Theelia tubercula n. sp.
(Taf. 8, Fig. 1—6)

Derivatio nominis: Nach den zahlreichen Höckern auf der Felge.

Holotypus: Taf. 8, Fig. 3.

Aufbewahrung: Sammlung KRISTAN-TOLLMANN, H 6, Geologisches Institut der Universität Wien.

Locus typicus: Große Rutschung an der Südseite des Kammes zwischen Pralongia-Gipfel und Kote 2181, 4 km ESE Corvara, Südtiroler Dolomiten (Probe x 23).

Stratum typicum: Mittel-Trias, O.-Ladin, Cordevol, Basalteil des „Tuffbandes", welches die Untere und Obere Kalk- und Mergelgruppe der Cassianer Schichten trennt.

Material: Zahlreiche Exemplare.

Diagnose: Eine Art der Gattung *Theelia* SCHLUMBERGER, 1890 mit folgenden Besonderheiten: Zahlreiche Tuberkel auf der Felge.

Beschreibung: Sklerite in Form von sehr kleinen und zarten, flachen Rädchen mit einigermaßen variierender Größe. 7—9, vorwiegend 9 Speichen. Speichen dünn, schmal, durchwegs gleich breit bleibend, zum Außenrand auf der Unterseite sich erhöhend und halbkreisförmig höckerig endend. Speichenzwischenräume außen halbkreisförmig begrenzt. Nabe klein und auf beiden Seiten zu einer längeren, abgerundeten Spitze ausgezogen. Felge verhältnismäßig mittelhoch, gekantet, mit auf der Ober- und Unterkante sitzenden Höckern. Die kleinen, gerundeten Höcker variieren in ihrer Anzahl stark. Für gewöhnlich sitzt je ein Paar Tuberkel gegenüber dem Speichenzwischenraum. Bei Rädchen mit mehr Tuberkeln schalten sich unregelmäßig noch weitere ein, wobei sich Unter- und Oberkante in der Anzahl und Verteilung der Höcker nicht mehr entsprechen. Unterseite der Rädchen eben, Felge auf der Oberseite umgekrempelt, glattrandig. Oberseite und Unterseite ähneln sich ziemlich.

Maße des Holotypus (Fig. 3): Durchmesser (mit Höcker) 0,21 mm, Höhe (ohne Höcker) 0,05 mm.

Paratypoid Fig. 1: Durchmesser 0,16 mm.
Paratypoid Fig. 6: Durchmesser 0,25 mm.
Weiterer Fundort: Sellajoch, Probe x 181, selten.

Theelia guembeli n. sp.
(Taf. 8, Fig. 7)

Derivatio nominis: Nach C. W. GÜMBEL, welcher die ersten triadischen Holothurien-Sklerite beschrieben und abgebildet hat.

Holotypus: Taf. 8, Fig. 7.

Aufbewahrung: Sammlung KRISTAN-TOLLMANN, H 7, Geologisches Institut der Universität Wien.

Locus typicus: Nahe S des Hauptkammes zwischen Pralongia-Gipfel und Kote 2181, 4 km ESE Corvara, Südtiroler Dolomiten (Probe x 27).

Stratum typicum: Mittel-Trias, O.-Ladin, Cordevol, obere Cassianer Schichten.

Material: Ein Exemplar.

Diagnose: Eine Art der Gattung *Theelia* SCHLUMBERGER, 1890 mit folgenden Besonderheiten: Speichen in der Mitte verbreitert. Nabe auf der Oberseite gewölbt, auf der Unterseite flach und mit kreisrunder Delle.

Beschreibung: Sklerite in Form von kleinen, flachen Rädchen mit 7—8 Speichen und leicht gewelltem äußerem Rand. Speichen dünn, flach, in der Mitte sich etwas verbreiternd. Speichenzwischenräume außen schwach gerundet begrenzt. Rädchenaußenrand entsprechend den Speichenzwischenräumen ebenfalls leicht ausgebuchtet. Felge gerundet, oben breiter als unten, oben

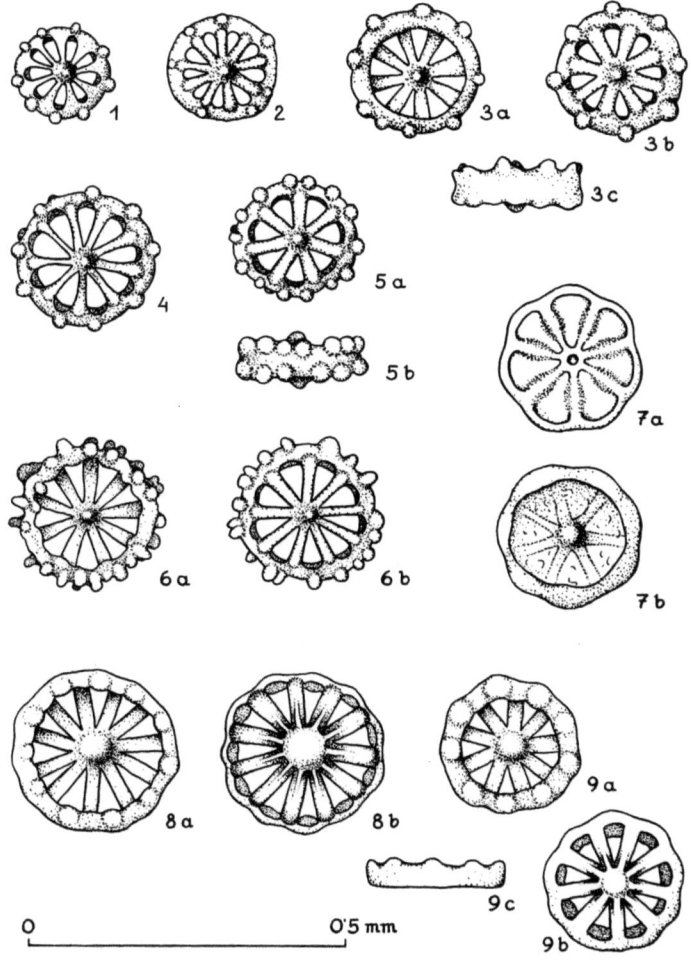

Erläuterung zu Tafel 8, O.-Ladin

Fig. 1—6: *Theelia tubercula* n. sp. 369
        Fig. 3: Holotypus; a von oben, b von unten, c von der Seite.
        Fig. 1—6 zeigt ansteigend die Variabilität der Rädchengröße sowie der Höckeranzahl.
        Fig. 2: Sellajoch, Cassianer Schichten, Probe x 181.
        Fig. 1, 3—6: S Pralongia, Cassianer Schichten, Probe x 23.

Fig. 7:   *Theelia guembeli* n. sp. 370
        Holotypus; a von unten, b von oben; ziemlich verkrustet.
        Pralongia-S, Cassianer Schichten, Probe x 27.

Fig. 8—9: *Theelia pralongiae* n. sp. 371
        Fig. 9: Holotypus; a von oben, b von unten, c in Seitenansicht.
        S Pralongia, Cassianer Schichten; Fig. 8: Probe x 26, Fig. 9: Probe x 23.

eingekrempelt, glattrandig. Nabe auf der Oberseite rundlich hochgewölbt, auf der Unterseite flach und mit einer kreisrunden Delle. Die Speichenzwischenräume sind bei diesem Exemplar zur Gänze mit wahrscheinlich Sekundärmaterial verkrustet und erfüllt, so daß die Breite der Speichen nicht voll herauskommt. Die Unterseite ist ganz flach und eben.

Durchmesser des Holotypus: 0,22 mm.

Theelia pralongiae n. sp.
(Taf. 8, Fig. 8—9)

Derivatio nominis: Nach dem Fundort.

Holotypus: Taf. 8, Fig. 9.

Aufbewahrung: Sammlung KRISTAN-TOLLMANN, H 8, Geologisches Institut der Universität Wien.

Locus typicus: Große Rutschung an der Südseite des Kammes zwischen Pralongia-Gipfel und Kote 2181, 4 km ESE Corvara, Südtiroler Dolomiten (Probe x 23).

Stratum typicum: Mittel-Trias, O.-Ladin, Cordevol, Basalteil des „Tuffbandes", welches die Untere und Obere Kalk- und Mergelgruppe der Cassianer Schichten trennt.

Material: Einige Exemplare.

Diagnose: Eine Art der Gattung *Theelia* SCHLUMBERGER, 1890 mit folgenden Besonderheiten: Auf der Unterseite verlaufen von der Nabe je eine feine Rippe auf jede Speiche; die Felge ist auf ihrer Oberseite gegenüber den Speichenzwischenräumen mit flachen Höckern besetzt.

Beschreibung: Sklerite in Form von kleinen, sehr flachen Rädchen mit 8—12 Speichen. Speichen mittelbreit, gleich breit bleibend, auf der Unterseite zuerst flach und dann nach außen zur Felge herabgebogen. Bei einigen Exemplaren waren die Speichen aber auch ganz flach. Nabe groß, auf der Unterseite flach, auf der Oberseite ziemlich spitz hochgewölbt. Von der Nabe verlaufen auf der Unterseite je eine feine Rippe auf jede Speiche, um etwa in der Mitte der Speiche zu verlöschen. Felge etwas gekantet, schmal, auf der Unterseite um die Hälfte schmäler als oben. Auf der Oberseite in Gegend der Speichenzwischenräume mit je einem flachen Höcker besetzt. Innenrand schwach eingekrempelt, glatt. Außenrand entsprechend den Höckern ausgebuchtet.

Maße des Holotypus: Durchmesser 0,21 mm, Höhe 0,04 mm.

Paratypoid: Durchmesser 0,26 mm.

Beziehungen: Diese Sklerite haben Ähnlichkeit mit *Theelia mortenseni* (DEFL.-RIG.) aus dem Jura Deutschlands, unterscheiden sich jedoch durch die Höcker und den glatten Innenrand auf der Oberseite.

Weiterer Fundort: Pralongia-S-Seite, Probe x 26, ss.

B. Sklerite aus Zlambachmergeln, Rhät

Allgemeines

Die berühmten fossilreichen rhätischen Zlambachmergel der Fischerwiese, deren Korallenfauna FRECH monographisch bearbeitet hat, beinhalten auch eine außerordentlich reiche Mikrofauna. Fast sämtliche Proben dieser weichen, kalkigen, mächtigen Mergel führen neben Ostracoden und anderen Elementen in großer Zahl Foraminiferen (über 200 Arten). In einer beträchtlichen Anzahl der untersuchten Proben wurden außerdem, allerdings fast stets in vereinzelten Exemplaren, Holothurien-Sklerite angetroffen. Diese im folgenden beschriebenen Holothurien-Reste stellen die ersten aus dem Rhät bekannten Sklerite dar. Mit den zahlreichen aus dem Jura (ab Lias) bekannten derartigen Formen hat das hier untersuchte Rhät der Fischerwiese keine gemeinsamen Arten. Von den sieben hier vorgefundenen, sämtlich neuen Arten gehören zwei Arten je einer neuen Gattung an. Der Gesamtbestand umfaßt:

Fissobractites subsymmetrica n. sp. ns
Eocaudina trema n. sp. ss
Eocaudina hexagona n. sp. ss
Eocaudina grandis n. sp. ss
Acanthotheelia rhaetica n. sp. ss
Kaliobullites umbo n. sp. ss
Theelia rosetta n. sp. s

Fundortbeschreibung

Die Holothurienklerite-führenden Fundpunkte reihen sich einerseits am Korallenbach der Fischerwiese, andererseits am Leisling Bach entlang an (Abb. 2). Der Verlauf dieser Bäche folgt annähernd dem im einzelnen schwankenden Streichen der rhätischen Zlambachmergel, die in einer breiten Zone in W—E-Richtung hier durchziehen. Durch die spärlichen Aufschlüsse und die tektonische Umgestaltung ist eine feinere Horizontierung der Punkte innerhalb des Rhät nicht möglich. Lage der Fundpunkte und ihre Beziehung zur Lagerung ist, soweit erschlossen, aus der Skizze Abb. 2 zu entnehmen. In der ganzen Zone dieser rhätischen Zlambachmergel, die im S tektonisch zum norischen Pötschenkalk des Pötschenwandzuges durch einen Bruch begrenzt sind, und im N auf weiten

Strecken unter Liasfleckenmergel abtauchen, treten überwiegend helle, mittel- bis dunkelgraue Kalkmergel auf, seltener schalten sich dünne Kalklagen ein. Der Fundort Fischerwiese-Leisling Bach liegt NW von Luppitsch bei Aussee im steirischen Salzkammergut.

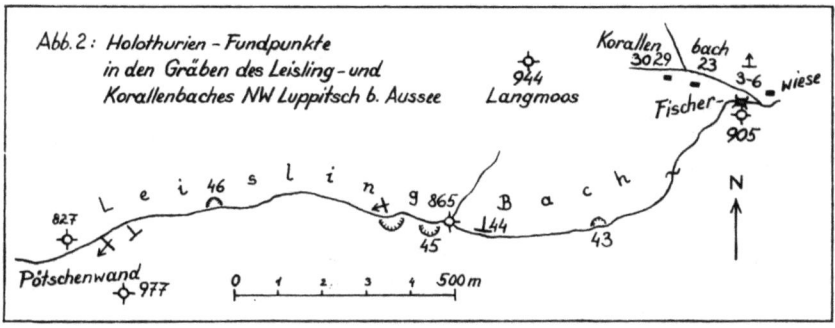

Systematische Beschreibung
Fam.: Calclamnidae
Genus: *Eocaudina* MARTIN, 1952, emend. FRIZZELL & EXLINE, 1955

Eocaudina trema n. sp.
(Taf. 9, Fig. 1)

Derivatio nominis: trema (griech.) = Loch.
Holotypus: Taf. 9, Fig. 1.
Aufbewahrung: Sammlung KRISTAN-TOLLMANN, H 9, Geologisches Institut der Universität Wien.
Locus typicus: Korallenbach, Fischerwiese NW Luppitsch bei Aussee, steirisches Salzkammergut (Probe z 30).
Stratum typicum: Ober-Trias, Rhät, Zlambachmergel.
Material: Ein Exemplar.
Diagnose: Eine Art der Gattung *Eocaudina* MARTIN, 1952, emend. FR. & EXL., 1955 mit folgenden Besonderheiten: Zahlreiche unregelmäßig angeordnete, sehr kleine, kreisrunde Löcher in größerem Abstand.
Beschreibung: Sklerite in Form von dünnen, ebenen Platten, deren genaue Umgrenzung noch nicht bekannt ist. Zahlreiche sehr kleine, kreisrunde, unregelmäßig angeordnete Löcher. Lochrand glatt. Größter Durchmesser des Holotypus: 0,25 mm.
Beziehungen: Von allen bisher bekannten Arten unterscheidet sich diese durch die Kleinheit der Löcher und ihre dabei kreisrunde Form.

Eocaudina hexagona n. sp.
(Taf. 9, Fig. 7)

Derivatio nominis: hexagona (griech.) = sechseckig, nach der Form der Löcher.

Holotypus: Taf. 9, Fig. 7.

Aufbewahrung: Sammlung KRISTAN-TOLLMANN, H 10, Geologisches Institut der Universität Wien.

Locus typicus: Korallenbach, letzter linker Anriß vor Einmündung in den Leisling Bach, Fischerwiese NW Luppitsch bei Aussee, steirisches Salzkammergut (Probe z 4).

Stratum typicum: Ober-Trias, Rhät, Zlambachmergel.

Material: Ein Exemplar.

Diagnose: Eine Art der Gattung *Eocaudina* MARTIN, 1952, emend. FR. & EXL., 1955 mit folgenden Besonderheiten: Regelmäßig hexagonale Löcher.

Beschreibung: Sklerite in Form von ebenen, glatten Platten mit parallelen Lochreihen. Löcher gegeneinander versetzt, in gleichmäßigem Abstand voneinander, regelmäßig sechseckig, glattrandig. Da nur Bruchstück, Umriß und Ausmaß der Platte nicht bekannt.

Größter Durchmesser des Holotypus: 0,41 mm.

Eocaudina grandis n. sp.
(Taf. 10, Fig. 6)

Derivatio nominis: grandis (lat.) = groß, nach der Gestalt.

Holotypus: Taf. 10, Fig. 6.

Aufbewahrung: Sammlung KRISTAN-TOLLMANN, H 11, Geologisches Institut der Universität Wien.

Locus typicus: Leisling Bach NE Pötschenwand W Luppitsch bei Aussee, steirisches Salzkammergut (Probe z 46).

Stratum typicum: Ober-Trias, Rhät, Zlambachmergel.

Material: Ein Exemplar.

Diagnose: Eine Art der Gattung *Eocaudina* MARTIN, 1952, emend. FR. & EXL., 1955 mit folgenden Besonderheiten: Große Platte mit einer Reihe großer Löcher am Außenrand.

Beschreibung: Sklerit in Form einer sehr großen, auf einer Seite völlig ebenen, auf der anderen Seite flach gewölbten, rundlichen Platte. Zentrum ohne Löcher, nur am Außenrand der Platte eine Reihe sehr großer, rundlicher bis eckiger, glattrandiger Löcher. Rand der Platte glatt, bei den Löchern ausgebuchtet.

Durchmesser des Holotypus: 0,95 mm.

Tafel 9

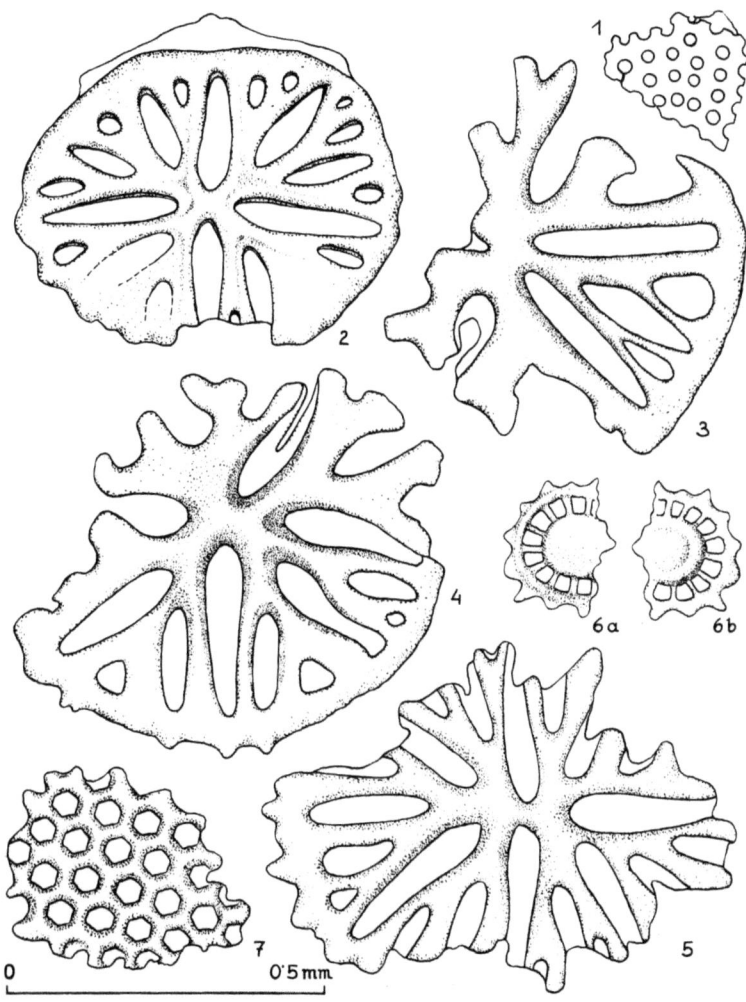

Erläuterung zu Tafel 9, Rhät

Fig. 1: *Eocaudina trema* n. sp. 373
  Holotypus; Bruchstück.
  Fischerwiese, Zlambachmergel, Probe z 30.
Fig. 2—5: *Fissobractites subsymmetrica* n. gen. n. sp. 375
  Fig. 2: Holotypus. — Leislingbach, Zlambachmergel, Probe z 43.
  Fig. 3—5, Bruchstücke: Fischerwiese, Zlambachmergel, Probe z 29.
Fig. 6: *Acanthotheelia rhaetica* n. sp. 376
  Holotypus; Bruchstück.— Fischerwiese, Zlambachmergel, Probe z 3.
Fig. 7: *Eocaudina hexagona* n. sp. 374
  Holotypus; Bruchstück.— Fischerwiese, Zlambachmergel, Probe z 4.

Genus: *Fissobractites* n. gen.

Derivatio nominis: fissura (lat.) = Spalt, bractea (lat.) = Plättchen.
Generotypus: *Fissobractites subsymmetrica* n. gen. n. sp.
Genusdiagnose: Sklerite in Form von durchlochten, beidseits flachen, rundlichen Platten. In der Mitte 4 zentrale, längliche Löcher in Kreuzform, umgeben von zwischengeschalteten kleineren, länglichen, ebenfalls radial angeordneten Löchern.
Differenzierung: Von der Gattung *Calclamna* FR. & EXL., 1955 unterscheidet sich *Fissobractites* n. gen. durch die radiale Anordnung der länglichen (!) Löcher, von *Priscopedatus* SCHLUMBERGER, 1890, emend. FR. & EXL., 1955 außerdem durch das Fehlen einer Spitze oder eines Steigbügels.

Fissobractites subsymmetrica n. gen. n. sp.
(Taf. 9, Fig. 2—5)

Derivatio nominis: subsymmetrica = fast symmetrisch (nach der Anordnung der Löcher).
Holotypus: Taf. 9, Fig. 2.
Aufbewahrung: Sammlung KRISTAN-TOLLMANN, H 12, Geologisches Institut der Universität Wien.
Locus typicus: Leisling Bach W Luppitsch bei Aussee, steirisches Salzkammergut (Probe z 43).
Stratum typicum: Ober-Trias, Rhät, Zlambachmergel.
Material: Einige Exemplare.
Diagnose: Typusart der Gattung *Fissobractites* n. gen. mit folgenden Besonderheiten: In der Mitte 4 sehr lange und schmale Löcher, zwischen diesen gegen außen immer kürzer werdende längliche bis ovale Löcher radial eingeschaltet. Rand bei gut erhaltenen Platten mit Zacken über jedem Loch.

Beschreibung: Sklerite in Form von beidseits gleichen, flachen, in der Mitte etwas stärkeren, rundlichen bis ovalen Platten. In der Mitte 4 zentrale, sehr lange und schmale Löcher, die gegen außen bisweilen etwas schmäler werden. Zwischen diese schalten sich weitere, gegen außen immer kürzer werdende längliche, zuletzt kurzovale Löcher radial ein. Zum Außenrand schließen alle Löcher mit gleichem Abstand ab. Die Löcher sind glattrandig. Der Außenrand der Platten zeigt sich bei gut erhaltenen Exemplaren gezackt, wobei je eine mehr oder weniger spitze Zacke gegenüber jedem Loch liegt. Etwas unregelmäßige, längliche Platten, bei denen sich ebenso lange Löcher zwischen die 4 in das Zentrum schieben, trifft man

bisweilen. Gerne finden sich auch zwei Plättchen sekundär zusammengekittet, wie dies öfter bei Holothurien-Skleriten vorkommt.
Maße des Holotypus: Größter Durchmesser 0,61 mm.
Paratypoid Fig. 5: Größter Durchmesser 0,75 mm.

Fam.: Theeliidae
Genus: *Acanthotheelia* FRIZZELL & EXLINE, 1955
Acanthotheelia rhaetica n. sp.
(Taf. 9, Fig. 6)

Derivatio nominis: Da aus dem Rhät erstbeschrieben.
Holotypus: Taf. 9, Fig. 6.
Aufbewahrung: Sammlung KRISTAN-TOLLMANN, H 13, Geologisches Institut der Universität Wien.
Locus typicus: Letzter linker Anriß im Korallenbach vor Einmündung in den Leisling Bach, Fischerwiese NW Luppitsch bei Aussee, steirisches Salzkammergut (Probe z 3).
Stratum typicum: Ober-Trias, Rhät, Zlambachm
Material: Ein Exemplar.
Diagnose: Eine Art der Gattung *Acanthotheelia* FR. & EXL., 1955 mit folgenden Besonderheiten: Nabe sehr groß, Speichenzwischenräume kurz und rechteckig. Am Außenrand nur je eine Zacke pro Speichenzwischenraum.
Beschreibung: Sklerite in Form von ganz flachen, kleinen Rädchen mit etwa 14 Speichen. Speichen sehr kurz, geradlinig, flach, glatt, mit parallelen Seiten. Nabe sehr groß, ganz flach, auf der Unterseite mit großer, flacher, runder Delle. Speichenzwischenräume rechteckig, nach außen etwas erweitert, außen leicht gerundet. Rand der Rädchen gezackt, über jedem Speichenzwischenraum eine große Zacke. Felge schmal und dünn, mit auf der Oberseite nur schwach angedeutetem glattem innerem Rand. Unterseite des Rädchens ganz flach. Ober- und Unterseite nahezu gleich.
Durchmesser des Holotypus: 0,22 mm.

Genus: *Theelia* SCHLUMBERGER, 1890
Theelia rosetta n. sp.
(Taf. 10, Fig. 3—5)

Derivatio nominis: Nach der Rosettenform.
Holotypus: Taf. 10, Fig. 3.

Zu: E. KRISTAN-TOLLMANN, Holothurien-Sklerite aus der Trias usw. Tafel 10

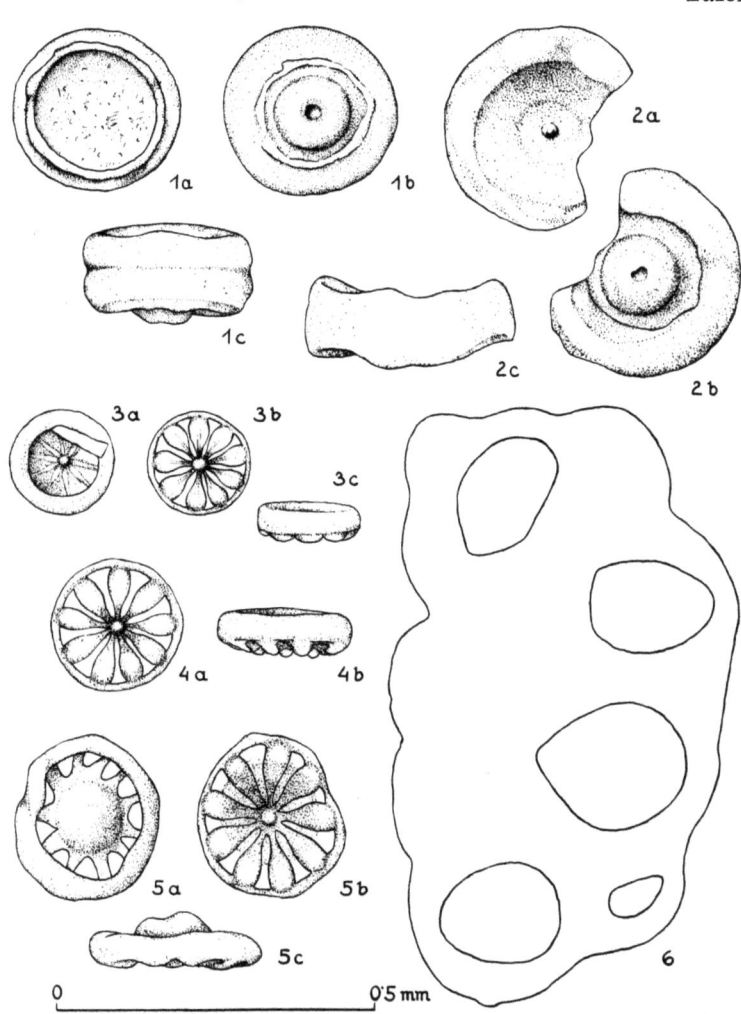

Erläuterung zu Tafel 10, Rhät

Fig. 1—2: *Kaliobullites umbo* n. gen. n. sp. 378
  Fig. 1: Holotypus; a von oben (verkrustet), b von unten, c von der Seite. — Fischerwiese, Zlambachmergel, Probe z 6.
  Fig. 2: Bruchstück; a von oben, b von unten, c in Seitenansicht. Fischerwiese, Zlambachmergel, Probe z 29.

Fig. 3—5: *Theelia rosetta* n. sp. 376
  Fig. 3: Holotypus; a von oben, b von unten, c von der Seite.
  Fig. 5: verdrücktes Rädchen mit besonders großer Nabe auf der Oberseite. — Fischerwiese, Zlambachmergel;
  Fig. 3: Probe z 3, Fig. 4: z 5, Fig. 5: z 29.

Fig. 6: *Eocaudina grandis* n. sp. 374
  Holotypus; Bruchstück. — Leislingbach, Zlambachmergel, Probe z 46.

Aufbewahrung: Sammlung KRISTAN-TOLLMANN, H 14, Geologisches Institut der Universität Wien.

Locus typicus: Letzter linker Anriß im Korallenbach vor Einmündung in den Leisling Bach, Fischerwiese NW Luppitsch bei Aussee, steirisches Salzkammergut (Probe z 3).

Stratum typicum: Ober-Trias, Rhät, Zlambachmergel.

Material: Drei Exemplare.

Diagnose: Eine Art der Gattung *Theelia* SCHLUMBERGER, 1890 mit folgenden Besonderheiten: Speichen auf der Unterseite keulenförmig nach außen erweitert. Felge glattrandig.

Beschreibung: Sklerite in Form von flachen, kleinen Rädchen mit 9 Speichen. Speichen lang, zuerst sehr schlank, nach außen sich keulenförmig erweiternd und verdickend, Speichenzwischenräume am Außenrand leicht gerundet. Nabe klein, beidseits ein kleiner, spitzer Knopf. Speichen mehr waagrecht oder zur Nabe herabgesetzt. Felge außen leicht gerundet, nicht besonders hoch, an der Unterseite sehr schmal, auf der Oberseite breiter, eingekrempelt, glattrandig. Die Speichen sehen auf der Oberseite schmäler aus, doch dürfte dies die starke Verkrustung bei allen Exemplaren vortäuschen. Ob das verdrückte Rädchen Fig. 5 mit der besonders großen Nabe auf der Oberseite eindeutig hierhergehört, wird erst reicheres Material erweisen.

Maße des Holotypus: Durchmesser 0,16 mm, Höhe 0,05 mm.
Paratypoid Fig. 4: Durchmesser 0,20 mm, Höhe 0,06 mm.

Fam.: Kaliobullitidae n. fam.

Diagnose: Sklerite in Form von konkavo-konvexen, kompakten Rädchen, bestehend aus Nabe und Felge, verbunden jedoch nicht durch Speichen, sondern aus einheitlicher Kalkwand, auch nicht mit angedeuteten Speichen oder Musterung in Form von Speichen.

Einzige bisher bekannte, hierher gehörige Gattung: *Kaliobullites* n. gen. Bisher bekannte Verbreitung: Rhät.

Genus: *Kaliobullites* n. gen.

Derivatio nominis: kalos (griech.) = schön, bulla (lat.) = Knopf.

Generotypus: *Kaliobullites umbo* n. gen. n. sp.

Genusdiagnose: Sklerite in Form von kompakten, konkavo-konvexen Rädchen ohne Speichen; Felge und Nabe ausgebildet; Nabe kann auch von sehr unterschiedlicher Größe sein.

Kaliobullites umbo n. gen. n. sp.
(Taf. 10, Fig. 1—2)

Derivatio nominis: umbo (lat.) = Schild (Buckel), nach der stark vergrößerten, knopfartigen Nabe auf der Unterseite.

Holotypus: Taf. 10, Fig. 1.

Aufbewahrung: Sammlung KRISTAN-TOLLMANN, H 15, Geologisches Institut der Universität Wien.

Locus typicus: Letzter linker Anriß im Korallenbach vor Einmündung in den Leisling Bach, Fischerwiese NW Luppitsch bei Aussee, steirisches Salzkammergut (Probe z 6).

Stratum typicum: Ober-Trias, Rhät, Zlambachmergel.

Material: Zwei Exemplare.

Diagnose: Typusart der Gattung *Kaliobullites* n. gen. mit folgenden Besonderheiten: Nabe auf der Unterseite stark vergrößert, knopfartig, mit rundlicher Delle in der Mitte; Felge beidseits dick, rundlich, etwas eingekrempelt.

Beschreibung: Sklerite in Form von größeren, ziemlich hohen Rädchen, Speichen fehlen. Nabe auf der Oberseite ein kleiner, spitzer Knopf, auf der Unterseite hingegen ein sehr großer, gerundeter, kreisrunder, oben flacher Knopf mit einer rundlichen Delle in der Mitte. Die Wand zwischen Nabe und Felge ist glatt, auf der Oberseite konkav, unten konvex. Felge hoch, an den Kanten gerundet, mit glattem Außenrand. Auf der Unterseite dick, gerundet, weit hereinreichend, eingekrempelt, mit scharfem oder gerundetem Innenrand; auf der Oberseite nicht so breit, flacher, kaum oder nicht eingekrempelt, Rand ebenfalls schärfer oder gerundeter. Die Oberseite des Holotypus ist mit Sekundärmaterial erfüllt. Die Felge des Holotypus hat an ihrer Außenseite außerdem in der Mitte eine rundum laufende Rille, während der Paratypoid keine solche aufweist. Wie aus dem Vergleich der beiden Exemplare hervorgeht, ist eine gewisse Variationsbreite, vor allem in der Ausbildung der Felge, vorhanden.

Maße des Holotypus: Durchmesser 0,27 mm, Höhe 0,15 mm.
Paratypoid: Durchmesser 0,33 mm, Höhe 0,12 mm.

Literatur

BARTENSTEIN, H.: Kalk-Körper von Holothurien in norddeutschen Lias-Schichten. — Senckenbergiana *18*, 1/2, 1936, 1—10, 12 Textabb., Frankfurt/M. 1936.

— Bemerkungen zu mikro-paläontologischen Arbeiten über jurassische Echinodermen. — Senckenbergiana *20*, 290—292, Frankfurt/M. 1938.

CRONEIS, C. & CORMACK, J.: Fossil Holothuroidea. — Journ. of Pal. *6*, 2, 111—148, Textfig. 1—4, Taf. 15—21, 1932.

DEFLANDRE-RIGAUD, M.: Sur l'invalidité du genre Theelia SCHLUMB. Synonyme de Chiridotites DEFL.-RIG. (Sclérites d'Holothurides fossiles). — Bull. Mus. nat. hist. Paris *29*, 353—355, Paris 1957.
— Contribution a la connaissance des sclerites d'Holothurides fossiles. — Lab. Micropal., Inst. Paleont. Mus., 134 S., 149 Textfig., 5 Taf., Paris 1961.
EICHENBERG, W.: Holothurien-Kalkkörperchen aus dem Jura Norddeutschlands. — Z. Dt. Geol. Ges. *87*, 1935, 318—320, Berlin 1935.
FRIZZELL, D. L. & EXLINE, H.: Monograph of Fossil Holothurian Sclerites. — Bull. School Min. Met. *89*, 204 S., 21 Textfig., 11 Taf., Rolla, Missouri 1955.
— Micropaleontology of holothurian sclerites. — micropaleontology *1*, 4, 335—342, Textfig. 1—2, 1955.
— Holothurians. — Geol. Soc. Am. *67*, 983—986, 1957.
GÖKE, G.: Die Mikrofauna der Psilonotenschichten im Steinbruch Pfrondorf bei Tübingen. — „Der Aufschluß" *3*, 65—68, 8 Textabb., 1960.
GÜMBEL, C. W.: Über Foraminiferen, Ostracoden und mikroskopische Tier-Überreste in den St. Cassianer und Raibler Schichten. — Jb. Geol. R. A. *19*, 175—186, 2 Taf., Wien 1869.
HAMPTON, J. S.: Some Holothurian Spicules from the Upper Bathonian of the Dorset Coast. — Geol. Magazine *XCIV*, 505—510, 12 Textfig., 1957.
— Subgenera of the holothurian genus Achistrum. — micropaleontology *4*, 1, 75—77, Textfig. 1—8, 1958.
— Frizzellus irregularis, a new holothurian sclerite from the Upper Bathonian of the Dorset coast, England. — micropaleontology *4*, 3, 309—316, Textfig. 1—3, 2 Tab., 1 Taf., 1958.
— Statistical analysis of holothurian sclerites. — micropaleontology *5*, 3, 335—349, Textfig. 1—3, Taf. 1—4, 1959.
HODSON, F., HARRIS, B. & LAWSON, L.: Holothurian Spicules from the Oxford Clay of Redcliff, near Weymouth (Dorset). — Geol. Mag. *93*, 4, 336—344, 25 Textfig., 1956.
KORNICKER, L. S. & IMBRIE, J.: Holothurian sclerites from the Florena shale (Permian) of Kansas. — micropaleontology *4*, 1, 93—96, 1 Taf., 1958.
KRAUS, O.: Internationale Regeln für die Zoologische Nomenklatur. XV. Int. Kongreß Zool. — Deutscher Text, Senckenberg. Natforsch. Ges., Frankfurt/M. 1962.
KRISTAN-TOLLMANN, E.: Rotaliidea (Foraminifera) aus der Trias der Ostalpen. — Jb. Geol. B. A. Sonderbd. *5*, 47—78, 2 Textabb., 15 Taf., Wien 1960.
— Stratigraphisch wertvolle Foraminiferen aus Obertrias- und Liaskalken der voralpinen Fazies bei Wien. — Erdöl-Z. *78*, 4, 228—233, 2 Taf., Wien—Hamburg 1962.
LANGENHEIM, R. L. & EPIS, R. C.: Holothurian sclerites from the Mississippian Escabrosa limestone, Arizona. — micropaleontology *3*, 2, 165—170, 1 Textfig., 1 Taf., 3 Tab., 1957.
LEISCHNER, W.: Zur Mikrofazies kalkalpiner Gesteine. — Sitzber. Österr. Ak. Wiss., math.-nat. Kl. *168*, 8, 9, 839—882, 17 Textabb., 6 Taf., Wien 1959.
— Zur Kenntnis der Mikrofauna und -flora der Salzburger Kalkalpen. — N. Jb. Geol. Paläont., Abh. *112*, 1, 1—47, 14 Taf., Stuttgart 1961.

MAGNÉ, J., SÉRONIE-VIVIEN, R. M. & MALMOUSTIER, G.: Le Toarcien de Thouars. — Mém. Bur. Rech. Géol. Min. *4*, 357—370, 5 Textfig., 15 Taf., 1961.
PAPP, A. & KÜPPER, K.: Holothurien-Reste aus dem Torton des Wiener Beckens. — Sitzber. Österr. Ak. Wiss., math.-nat. Kl. *162*, 1, 2, 49—51, 1 Taf., Wien 1953.
POKORNY, V.: Grundzüge der Zoologischen Mikropaläontologie, II. — VEB Deutsch. Verl. Wiss. Berlin 1958.
RIOULT, M.: Les vestiges microscopiques d'Echinodermes dans les sédiments Jurassiques de Normandie. — Bull. Soc. Linn. Normandie *10*, 1959, 32—36, 6 Fig., 1960.
— Les sclérites d'Holothuries fossiles du Lias. — Mém. Bur. Rech. Géol. Min. *4*, 121—153, 1 Taf., 1961.
SAID, R. & BARAKAT, M. G.: Jurassic microfossils from Gebel Maghara, Sinai, Egypt. — micropaleontology *4*, 3, 231—272, Taf. 1—6, Textfig. 1—5, Tab. 1, 1958.
SEILACHER, A.: Holothurien im Hunsrückschiefer (Unter-Devon). — Notizbl. hess. L.-Amt Bodenforsch. *89*, 66—72, 1 Abb., 2 Taf., Wiesbaden 1961.
SIEVERTS-DORECK, H.: Übersicht über die stratigraphische und regionale Verbreitung fossiler Holothurien. — Z. Dt. Geol. Ges. *95*, 1943, 57—66, Berlin 1943.

Die in den Sitzungsberichten Abtlg. I und Abtlg. II der math.-nat. Klasse der Österr. Ak. d. Wiss. erscheinenden Abhandlungen werden auch einzeln abgegeben. Sie können durch jede Buchhandlung oder direkt durch die Auslieferungsstelle der Österreichischen Akademie der Wissenschaften (Wien I, Singerstraße 12) bezogen werden.

Nachfolgende Abhandlungen aus dem Fache **Botanik** (Biologie) sind erschienen:

1957 (S I Bd. 166):

Politis J.: Über die „Tanninoplasten" oder Gerbstoffbildner der Crassulaceae (mit 2 Textabbildungen und 1 Tafel). S 6.—
Politis J.: Über einen neuen Pflanzenfarbstoff in den Blüten einiger Verbascum-Arten (mit 2 Tafeln). S 5.20
Übeleis Ilse: Osmotischer Wert, Zucker- und Harnstoffpermeabilität einiger Diatomeen (mit 1 Textabbildung). S 30.40

1958 (S I Bd. 167):

Höfler Karl: Permeabilitätsstudien an Parenchymzellen der Blattrippe von Blechnum spicant (mit 5 Textabbildungen). S 45.—
Rechinger K. H., Dulfer H. und Patzak A.: Širjaevii fragmenta astragalogica IV. S 38.10
Url Walter: Zur Wirkung der Atmungsgifte Natriumazid und Dinitrophenol auf die Permeabilität von Blechnum spicant-Zellen (mit 3 Textabbildungen). S 25.—
Wawrik Friederike: Hochgebirgs-Kleingewässer im Arlberggebiet III (mit 3 Textabbildungen und 1 Tafel). S 18.90

1959 (S I Bd. 168):

Biebl Richard: Röntgenstrahlenwirkungen auf Commelinaceenstecklinge (Total- und Partialbestrahlungen) (mit 9 Tabellen und 5 Textabbildungen). S 31.20
Höfler Karl: Über die Gollinger Kalkmoosvereine (mit 1 Textabbildung und 1 Tafel). S 34.50
Höfler Karl und Fetzmann Elsa Leonore: Algen-Kleingesellschaften des Salzlackengebietes am Neusiedler See I (mit 1 Tafel). S 21.50
Hustedt Friedrich: Die Diatomeenflora des Salzlackengebietes im österreichischen Burgenland (mit 31 Textabbildungen und 1 Tafel). S 53.90
Luhan Maria: Zur Wurzelanatomie unserer Alpenpflanzen. IV. Compositae (mit 9 Textabbildungen und 4 Tafeln). S 36.90
Pfoser Karl: Vergleichende Versuche über Verholzungsreaktionen und Fluoreszenz (mit 2 Textabbildungen und 2 Tafeln). S 18.70
Rechinger K. H., Dulfer H. und Patzak A.: Širjaevii fragmenta astragalogica. S 29.40
Wendelberger Gustav: Die Vegetation des Neusiedler See-Gebietes. S 7.20

1960 (S I Bd. 169):

Bolay Erika: Die Vitalfärbung voller Zellsäfte und ihre cytochemische Interpretation (mit einer Textabbildung und 5 Tafeln). S 49.—
Ehrendorfer F.: Neufassung der Sektion Lepto-Galium Lange und Beschreibung neuer Arten und Kombinationen (zur Phylogenie der Gattung Galium, VII). S 12.—
Franz Gertrude: Die Mikroflora einiger Standorte im Leithagebirge in ihrer Abhängigkeit von Boden und Vegetationsdecke (mit 22 Textabbildungen). S 88.—
Pruzsinszky S.: Über Trocken- und Feuchtluftresistenz des Pollens (mit 12 Abbildungen auf 6 Tafeln). S 63.40

1961 (S I Bd. 170):

Fetzmann Elsalore, Vegetationsstudien im Tanner Moor (Mühlviertel, Oberösterreich) (mit 2 Textabbildungen und 2 Tafeln). S 170—3, S 23.—
Pruzsinszky Siegfried und Url Walter, Ein Beitrag zur Desmidiaceenflora des Lungaues. S 170—1, S 9.—
Rechinger K. H., Dufler H. und Patzak A., Širjaevii fragmenta astragalogica XIII. bis XVII. Teil. S 170—2, S 56.—

1962 (S I Bd. 171):

Niklfeld Harald, Über die Pflanzengesellschaften der Fels- und Mauerspalten Südfrankreichs (mit 1 Textabbildung und 1 Falttabelle) 171—23, S 52.—
Url Walter, Permeabilitätsversuche an Stengelepidermiszellen von Gentiana germanica und Gentiana ciliata (mit 3 Textabbildungen) 171—16, S 40.—

MIX
Papier aus verantwortungsvollen Quellen
Paper from responsible sources
FSC® C105338

If you have any concerns about our products,
you can contact us on
ProductSafety@springernature.com

In case Publisher is established outside the EU,
the EU authorized representative is:
**Springer Nature Customer Service Center GmbH
Europaplatz 3, 69115 Heidelberg, Germany**

Printed by Libri Plureos GmbH
in Hamburg, Germany